René Primevère Lesson

Articles d'ornithologie

Elibron Classics
www.elibron.com

Elibron Classics series.

ISBN 0-543-69599-9 (paperback)
ISBN 0-543-69598-0 (hardcover)

This Elibron Classics Replica Edition is an unabridged facsimile of the edition published in 1913 by la Revue Française d'Ornithologie, Paris.

Articles d'Ornithologie

DE R.-P. LESSON

René-Primevère LESSON

Né à Rochefort (Charente-Inférieure), le 20 mars 1794
et mort dans cette ville, le 28 avril 1849

Dessiné d'après nature en 1827 et gravé par Ambroise Tardieu

ARTICLES
D'ORNITHOLOGIE

DE

R.-P. LESSON

MÉDECIN, PHARMACIEN EN CHEF DE LA MARINE,
PROFESSEUR A L'ÉCOLE DE MÉDECINE NAVALE DE ROCHEFORT

Parus dans l'*Écho du Monde Savant*
de 1842 à 1845.

Réimpression faite par les soins

DE

A. MENEGAUX

PROFESSEUR AGRÉGÉ DE L'UNIVERSITE,
ASSISTANT D'ORNITHOLOGIE
AU MUSÉUM D'HISTOIRE NATURELLE DE PARIS

PARIS

Edition de la *Revue Française d'Ornithologie*

55, rue de Buffon, 55

1913

INTRODUCTION

Tous les Ornithologistes savent que les collections de l'*Echo du Monde Savant*, que possèdent les meilleures bibliothèques, sont à peu près toujours incomplètes. Aussi les systématiciens n'ont-ils pu, dans beaucoup de cas, tenir compte des diagnoses que Lesson a publiées dans ce périodique. En outre les recherches y sont difficiles et très longues, car la pagination y est souvent inexacte; le numérotage compliqué, parfois faux, forme des séries discontinues; les tables des matières sont insuffisantes, remplies d'erreurs et manquent très fréquemment dans les collections.

La bibliothèque du Muséum possède deux collections de ce périodique : celle du Muséum et celle qui provient de la bibliothèque Bonaparte. Cette dernière est à peu près complète, même de ses tables, en sorte que, de l'ensemble, il m'a été assez facile de constituer une collection tout à fait complète.

L'*Echo du Monde Savant* fut fondé par Nérée Boubée en 1834, et dirigé par lui jusqu'en 1838. En 1839, Auguste Desprez et Félix Dujardin en assurèrent la Direction, puis à partir de 1840 jusqu'à la fin en 1846, ce fut le vicomte de Lavalette. Le journal a donc vécu 12 ans. Son format était in-4°, à 2 colonnes, puis à 3, à partir de 1842. Les numéros 1 et 2 réunis portent la date du 10 avril 1834. Le jour d'apparition était le jeudi. Mais dès le numéro 10, 6 juin 1834, ce jour devint le vendredi. Le numéro 91 du 25 décembre fut le dernier de l'année.

En 1836 (3e année), l'*Echo* parut le jeudi et le dimanche, mais en 2 divisions de 8 pages chacune.

La 1re *division* comprend un numéro sur deux à partir du n° 93 jusqu'au 194 de la série générale et fut consacré aux SCIENCES PHYSIQUES ET HISTORIQUES. Ses numéros paraissaient le jeudi et portaient en outre les nos 1 à 52 en série continue. Le premier numéro (93-1) est du 7 janvier 1836.

La 2e *division*, à partir du n° 92 de la série générale, comprend un numéro sur 2 jusqu'à 195 et est consacré aux SCIENCES

NATURELLES ET GÉOGRAPHIQUES. Ses numéros, paraissant le dimanche, portaient aussi une série continue de numéros de 1 à 52. Le nº 1 (92-1) est du 3 janvier 1836.

Mais à partir du 16 octobre (nº 173-41) il y a fusion avec L'HERMÈS (Journal des nouvelles scientifiques, 1836) et dès le 19 octobre (nº 174-42), les jours de publication sont le *mercredi* et le *samedi*.

A partir du nº 173-41, le titre devient HERMÈS, ECHO DU MONDE SAVANT, puis avec le nº 48 (mercredi, 30 novembre), L'ECHO DU MONDE SAVANT ET L'HERMÈS, Ce dernier mot est mis en caractère très petit à partir du samedi 14 octobre 1837, nº 275-92. Il est enfin supprimé après le nº 328-15 du mercredi 25 août et le nº 325-15 du samedi 14 avril.

En 1837, la 1re division comprend un sur deux des nºs 196 à 295 ou 53 (non 1, *errore*) à 103; et la 2e, un sur deux des numéros 197 à 296 ou 53 (non 1, *errore*) à 103 de la série continue.

En 1838, le 1re division porte les nºs 297 (mercredi, 3 janvier) à 390. Ce nº 396-47 est le dernier de la 1re division.

La deuxième division porte les nºs 298 (samedi, 6 janvier) à 388 et à partir du nº

391 (1er décembre), on supprime les divisions et on réunit les 2 périodiques en un seul qui paraît toujours 2 fois par semaine, le mercredi et le samedi et le numérotage se continue régulièrement du 391 au 399 (samedi, 29 décembre 1838).

Dans l'année 1839, les numéros vont de 400 (mercredi, 2 janvier) à 503 (samedi, 28 décembre).

En 1840 (7e année) la disposition du titre change et la publication se fait sur 3 colonnes à chaque page, du no 504 (samedi, 4 janvier) au no 597 (mercredi, 30 décembre).

Ces numéros forment les volumes I et II de la 2e série, et en 1841 les nos 598 (mercredi, 6 janvier) à 691 (mercredi, 29 décembre) forment les tomes III et IV de la même série.

Pendant l'année 1842, le journal paraît à nouveau le jeudi et le dimanche. Le 1er semestre comprend les nos 692 (dimanche, 2 janvier) à 742 (jeudi, 30 juin 1842), tome V de la 2e série.

Dans le 2e semestre de cette année (t. VI, 2e série) il n'y a plus de pagination à proprement parler ; *ce sont les colonnes qui sont numérotées* de 1 à 1218, pour les nos 1 (dimanche, 3 juillet) à 51 (samedi, 31 décembre). Tous les semestres ultérieurs sont ainsi numérotés à partir de 1 ; mais le format reste le même. Les colonnes n'ont ainsi que 6 cm. de largeur.

En 1844, dans le 2e semestre, le n° 27 (jeudi, 10 octobre) finit avec la colonne 648, et le n° 28 (dimanche, 13 octobre) commencera avec la colonne 337, donc 312 en moins. Cette erreur se continue jusqu'à la fin du volume.

Le 1er et le 2e semestre 1845, forment le 1er et le 2e volume de la 3e série.

Dans la collection complète de la Bibliothèque nationale et dans celle du prince Bonaparte, l'année 1846 ne comprend qu'un volume (1er semestre) qui finit brusquement avec le numéro 44 (jeudi, 4 juin) sans aucune indication et sans table des matières. Il est probable que la publication a alors cessé de paraître, mais je n'ai pu en savoir la cause.

Les articles de Lesson, parus dans ce recueil, ont tous été publiés :

En 1842, 2e semestre, 2 articles.

En 1843, 1er semestre, 3 articles.

En 1843, 2e semestre, 5 articles.

En 1844, 1er semestre, 12 articles.

En 1844, 2e semestre, 19 articles.

En 1845, 1er semestre, 6 articles.

En tout 47 articles de Lesson (dont 21 consacrés à la collection Abeillé), auxquels j'ai cru utile d'ajouter 2 articles de Delattre sur les Trochilidés (1843, 1er sem.).

J'ai vérifié moi-même, *page par page*, et fait vérifier deux fois toute la collection de l'*Echo*, en sorte qu'il me paraît impossible qu'un article de Lesson ait pu nous échapper.

J'ai copié et fait reproduire ces articles *ligne par ligne*, en indiquant la pagination dans l'*Echo* et en conservant la ponctuation et les fautes. Ces dernières, sauf celles d'accents, ont été indiquées *par un astérisque à la fin du mot.*

Il est bon d'ajouter que si cette réimpression est importante au point de vue de la systématique, elle n'ajoute rien à la renommée de Lesson : car elle montre plutôt que ses travaux ont souvent été écrits un peu à la hâte. En plus de ses compléments *inédits* à l histoire des oiseaux-mouches (1843, 2e sem., 4 articles), Lesson y a décrit environ **170 espèces,** dont beaucoup étaient nouvelles et qui, pour la plupart, provenaient d'Amérique, d'Afrique et d'Océanie. Ces spécimens avaient été rapportés par lui et par son frère Adolphe Lesson, ou lui avaient été confiés par Abeillé. Les descriptions qu'il a données sont d'autant plus importantes à faire connaître que presque tous les types qu'il a étudiés ont disparu. Un certain nombre des diagnoses parues dans l'*Echo* ont été reproduites, parfois avec de légères modifications, dans un petit volume in-16 de 359 pages qui forme le tome 20 de l'édition Lévêque des œuvres de Buffon et qui porte la date de 1847. Il est presque aussi introuvable que l'*Echo du Monde Savant*. Aussi, pour compléter cette réimpression, m'a-t-il paru utile de donner la liste des oiseaux dont Lesson parle dans ce volume.

La table des matières est en trois colonnes, La première donne le nom tel que Lesson l'a employé ; la seconde donne le nom actuel des espèces traitées par Lesson, d'après le *Catalogue du British Museum*, d'après Giebel (*Thesaurus ornithologiae*, 1872), d'après Gray (*Handlist of Birds*, 1869), et d'après mes recherches, quand les descriptions sont assez précises pour qu'on ait pu établir la synonymie. C'est M. E. Simon, le trochiliste bien connu, qui s'est chargé de cette partie pour les Trochilidés.

Malgré cela, il reste encore un certain nombre d'équivalences à établir; je laisse ce soin à ceux qui aiment à résoudre les énigmes.

La troisième colonne comprend deux nombres : le premier indique la page ou plutôt la colonne originale dans l'*Echo*, le deuxième la page dans le présent volume.

Lesson (René-Primevère), naturaliste français, naquit à Rochefort le 20 mars 1794. Il mourut dans cette ville le 28 avril 1849. Faisant partie du corps des chirurgiens de la Marine, il fut embarqué sur la frégate *la Saale*, puis sur le *Régulus*, et, comme naturaliste, sur la corvette *la Coquille* pendant son voyage autour du monde de 1822 à 1825. Dans Biographie Universelle (Michaud) Ancienne et Moderne, t. XXIV, p. 330, on trouve une biographie complète de Lesson, avec l'indication de ses ouvrages et des périodiques auxquels il a collaboré. *L'Écho du Monde Savant* n'est pas indiqué. Cette biographie est signée A. M—y.

Le Dr D'hoste me signale qu'au Musée de la Marine à Rochefort se trouve un portrait à l'huile de R.-P. Lesson, mais il ne porte aucune date.

Paris, le 1er *avril* 1913.

A. Menegaux.

Articles d'Ornithologie

« ÉCHO DU MONDE SAVANT »

1842, 2e semestre

9e année.

Paris. — Dimanche, 11 décembre 1842. N° 45.

1061. ORNITHOLOGIE (1)

Nouvelle espèce d'Autour ; DŒDALION* ERYTHROFRONS, Lesson. (Jeune âge.)

Des vingt-deux espèces connues d'autours, celle qui nous occupe, bien que voisine du *falco magnirostris* de Latham, figuré Enl. 464 (l'adulte) et pl. 86 de Temminck (le jeune âge), a beaucoup d'analogie de formes avec les *cymindis* de la Guyane et du Brésil qu'elle remplace sur la côte d'Amérique baignée par l'Océan Pacifique ; mais ce qui ca-

(1) J'ai omis à dessein l'index ornithologique, publié par Lesson, en 1842, 2e sem., col. 1 035 ; en 1843, 1er sem col. 13, 36, 60, 225, *253*, 346, 588, 727, 1.067, 1 087 ; en 1843 2e sem., col 109, 133, 181, 324, 468, 528, 593, 613, 658, 709, qui présente moins d'intérêt.

ractérise cette espèce et la distingue facilement de toutes les autres, sont : la cire qui est nue et renflée à la base du bec jusqu'au front et aux narines. Cette cire est rouge vif, plus deux rebords sourciliers cartilagineux qui recouvrent les yeux. Le bec est recourbé, assez fortement crochu, légèrement dilaté sur le rebord, bien que ses côtés soient comprimés. Le bord coupant est lisse. La mandibule inférieure est légèrement échancrée sur les côtés, mais arrondie en dessous. Les narines sont nues ; ouvertes, sub-arrondies. La cire entre l'œil et les narines est recouverte de poils étacés. Les tarses sont assez gros, scutellés sur l'acrotarse, aréolés sur le reste de leur étendue. Leurs doigts sont robustes, armés d'ongles très acérés et très forts. Les ailes atteignent le tiers supérieur de la queue. Les trois premières pennes sont étroites, la première courte ; la deuxième étagée, et la troisième la plus longue de toutes ; la quatrième est très courte, la cinquième et la sixième sont larges et aussi longues que la deuxième. La queue est alongée*, arrondie, à pennes larges et robustes.

L'individu que nous avons sous les yeux mesure 44 cent., les ailes atteignent le tiers supérieur de la queue, celle-ci est alongée* et égale. Le bec est noir ; la cire frontale rouge ; les tarses sont jaunes à ongles noirs. Le plumage est sur le corps d'un gris brunâtre sale, et les plumes sont cerclées d'une légère frange roussâtre. Le dessus de la tête est légèrement ardoisé. Un rebord blanc occupe l'angle antérieur du sourcil. Les côtés du cou sont gris-ardoisé. Le devant du cou, à partir du menton jusqu'au thorax, est gris ardoisé avec des maculatures blanches dues au duvet qui est de cette dernière couleur. Le cou, le thorax sont gris avec des taches rouges de rouille et des taches ocreuses. Sur les flancs et sur le milieu du ventre, ces taches se régularisent et se transforment en bandelettes transversales et alternantes, d'une couleur rouille, relevée par des bandelettes jaune ocreux. Les plumes tibiales sont d'un blond doré que relèvent des barres régulières d'un jaune ocreux foncé. Les couvertures inférieures et les plumes de la région anale sont d'un jaune clair avec quelques maculatures rouille.

Les ailes sont d'un gris brunâtre assez uniforme, mais les plumes tectrices sont légèrement frangées à leur bord par du jaune ocreux. Les rémiges sont brunes, mais elles sont en dedans d'un rouge de fer très vif, avec des barres d'un noir profond. Le dessous de l'aile ne laisse paraître sur chaque penne qu'un fond blanchâtre barré de noir. Les rectrices sont larges, et toutes coloriées de la même façon, c'est-à-dire qu'elles sont gris de lin tendre, coupé d'espace en

1062.

espace par de larges barres noires. Ces barres sont elles-mêmes liserées faiblement d'une frange rouge ferrugineux.

L'autour à fraise rouge sur le bec a été tué par M. Adolphe Lesson dans les forêts de San-Carlos, dans la république du Centre-Amérique, sur les rivages de l'Océan Pacifique.

9e année.
Paris. — Jeudi, 15 décembre 1842. No 46

1084. ORNITHOLOGIE

Nouveau genre d'oiseau de proie (1).

Genre CARNIFEX, *carnifex*, Lesson.

Vieillot a créé le genre *herpelotheres* pour des accipitres de l'Amérique méridionale qui sont vraiment distincts des autours parmi lesquels les rangeaient Savigny et Vigors. Ce genre répond à celui de *cachinna* créé par Fleming.

Le type des *herpelotheres* est l'*h. cachinans* de Vieillot, fig. pl. 19 de sa galerie, le même que le *macagua* de Azara (Apunt. 1, 84, no 16), le *falco cachinnans*, de Linné. La 2e espèce, ajoutée par analogie est l'oi-

(1) Article reproduit dans le numéro de la *Revue zoologique* daté de décembre 1842 et dans la *Description de mammif. et d'oiseaux nouveaux* (1847). Le numéro de la *Revue zoologique* est indiqué comme ayant paru en retard et sa date normale était le 1er janvier 1843. Or la description de *Carnifex naso* a paru dans le no de l'*Echo du monde Savant* du 15 déc. 1842. La description qui doit être regardée comme originale est donc celle de l'*Echo*.

A. M.

1085.
seau de proie que d'Azara a nommé *gavilan* (Apunt. 1, 84), et que Vieillot nomme *herpelotheres sociabilis* (Encycl, X. 3, p. 1248). La première espèce est de la Guiane* et de la Plata, et la deuxième du Paraguay.

Un oiseau de proie qui se trouve aux alentours de Realejo dans la République du Centre-Amérique, nous paraît devoir former un nouveau genre près des *macaguas* ou *herpelotheres* dont il a les principaux caractères, mais dont il s'éloigne par ses longs et robustes tarses, et par la brièveté de ses ailes, relativement à la longueur de la queue.

Notre nouveau genre a le bec très comprimé, élevé, très fort. La mandibule supérieure est fortement recourbée, très crochue, à bords très coupants, non dentés, mais profondément incisés à la pointe. L'inférieure est plus courte, tronquée et échancrée au sommet, convexe en dessous. Les narines sont orbiculaires, et présentent un opercule tuberculé à leur milieu. La cire est couverte de soies; les tarses sont longs, robustes, unis, réticulés ; les doigts sont armés d'ongles très robustes, très acérés; les ailes sont courtes, ou dépassent à peine le croupion : elles ont les trois premières pennes graduées, mais les 4e et 5e les plus longues. La queue est fort longue, composée de pennes larges et étagées.

Par la longueur de la queue et la brièveté des ailes, l'oiseau type se rapproche des autours brachyptères, mais ses tarses allongés, ses doigts robustes et longs l'en distinguent.

L'espèce que nous nommons *Carnifex naso*, par rapport à la forme camuse du bec, forme qui n'est pas sans une certaine analogie avec celle de quelques cacatoës, est un oiseau long de 58 centimètres. La queue entre dans ces dimensions pour 27 centim. Le bec est noir; la cire est noirâtre, recouverte de soies noires et luisantes ; les joues et le tour des yeux sont emplumés; les tarses sont de couleur de chair et les ongles sont noirs. Tout le dessus de la tête est noir intense, séparé par un collier jaune ferrugineux du noir profond qui colore le dos et les grandes couvertures alailes*. Les joues sont noires et le menton est blanc; mais une teinte uniforme rouille règne depuis le gosier jusqu'aux couvertures inférieures de la queue. On remarque quelques taches brunes transversales sur les plumes des flancs et des tarses. Les couvertures des ailes sont noires; mais les rémiges et les pennes tertiaires sont d'un brun roussâtre, traversé par des raies d'un jaune ocreux. Les pennes moyennes sont noires, rayées de blanc pur en dedans. Les rectrices étagées sont fort larges, raides, d'un beau noir-bleu luisant, que relèvent d'espace en espace d'étroites barres d'un blanc pur. Les pennes arrondies à leur extrémité ont aussi un liseré de cette dernière couleur. En dessous, toutes ces pennes sont d'un grisâtre sale, avec des barres brunâtres.

Cet oiseau, par ses doigts robustes et par ses ongles acérés et fort gros, relativement à sa taille, doit être un destructeur puissant de gibier. Il chasse dans les forêts équatoriales de l'Amérique méridionale que baigne l'Océan Pacifique. Il a été tué par M. Adolphe Lesson, chirurgien de la marine.

[1843, 1er semestre]
10e année.
Paris. — Dimanche, 14 mai 1843. N° 36

850 ORNITHOLOGIE

Nouvelle espèce d'oiseau : le CALLYRHYNQUE DU PÉROU, par Lesson.

Nous avons publié dans le N° 7 de la *Revue zoologique*, de 1842, p. 209, la diagnose du genre.

Callyrhynchus, appartenant au groupe des bouvreuils, et dans cette note, il ne s'agira que de l'espèce à laquelle nous avons donné pour nom trivial l'épithète de *peruvianus*, parce qu'elle se trouve aux alentours de Callao et de Lima, au Pérou. Aucun auteur que je sache n'a mentionné ce curieux oiseau, qui a le port et la forme d'un bouvreuil, la livrée sale et grisâtre d'un moineau femelle et le bec sillonné sur

851

les côtés de la mandibule supérieure comme le présente le *Crotophaga sulcirostris* de Swainson ou notre ami de Las-Casas. Le callyrhynque péruvien a au plus 7 centimètres 60 millimètres. Les ailes dépassent peu le croupion. Elles ont leurs pennes primaires presque égales, et la deuxième un peu plus longue que les premières et troisièmes*. La queue est médiocre, légèrement échancrée. Les tarses sont moyens et analogues à ceux des bouvreuils. Le bec seul est remarquable par le renflement de son arête qui entame légèrement les plumes du front. Il est très comprimé sur les côtés, et fort élevé. Des sillons occupent les parois latérales de la mandibule supérieure au-dessous des narines.

Le corps de cet oiseau singulier est d'un brun olivâtre uniforme ; les ailes et la queue sont d'un gris brunâtre, affaibli par les franges olivâtres des bords de chaque plume. Les joues sont nuancées de roux ferrugineux ; un collier roussâtre marque le devant du cou et sépare le grisâtre clair du gosier et de la gorge. Le ventre, les flancs et le bas-ventre sont blanchâtres avec une nuance légèrement jaunâtre. Les tarses sont gris bleuâtre clair et le bec est de couleur de corne.

Cet oiseau a été tué sur des petits buissons par M. Adolphe Lesson, médecin en chef des îles Manquises*. R.-P. L.

10e année.
Paris. — Jeudi, 25 mai 1843. N° 39.

922. **ORNITHOLOGIE**

Nouvelle espèce de perroquet de la mer du Sud ; par M. Lesson.

Les îles Océaniennes ont présenté la curieuse particularité de nourrir des espèces du genre *psittacus*, aussi remarquables par leur petite taille que par leur coloration. Ce sont les *psittacules* (*psittacula*), des au-
923.
teurs anglais ou les *vinis* (*vini*), de mon traité d'ornithologie.

Le groupe des phigys ou vinis est si naturel, que les oiseaux qui lui appartiennent, bien que différents par l'éclat vraiment extraordinaire de leur plumage, se ressemblent par la forme du bec et des tarses, celle des ailes et de la queue, la nature soyeuse et lustrée des plumes, la coloration du bec, et surtout par les mœurs et le régime. Ce sont des petits oiseaux criards, colériques, actifs, vivant dans les cocotiers et dans les grands arbres à fruits d'Evy, entre autres des îles Océaniennes.

Les phigys ont le plumage vert, avec du rouge éclatant, et les psittacules fringillaire, écarlate, de Kuhl, sont certes de charmants oiseaux qui sont bien connus aujourd'hui. Les *E. vinis*, dont la connaissance est due primitivement à Commerson, vivent exclusivement dans les îles de la société. Sparman a fait une espèce des individus, dont le devant du cou est noir, tandis qu'aujourd'hui on admet assez généralement que cette coloration est due à une livrée, soit de jeune mâle, soit plutôt de femelle ; le bec et les tarses sont noirâtres, mais le jaune orangé commence à apparaître sur le demi bec inférieur ; il est vrai que l'œil est brun, mais plus tard, sans doute, il doit changer de couleur. Les plumes de la tête et de l'occiput sont étroites et luisantes, et partout règne le bleu azur le plus suave et le plus lustré. Les pennes alaires sont noires mais frangées d'azur, le ventre, les flancs, sont azur, le devant du cou seul, à partir du menton jusqu'au haut du thorax, est recouvert de plumes d'un noir mat, grises à leur base, et qui font place sur les vinis adultes au blanc de neige le plus pur. Les individus, dans cette livrée complète, ont donc le haut du corps du même bleu azur qui règne sur le ventre, sur les flancs, sur les épaules, mais le devant du cou, les joues, le haut du thorax sont blanc neigeux, le bec et les tarses sont orangés, et l'œil est lui-même orangé avec un iris noir, les ongles seuls sont noirs. C'est à Otaïti et à Borabora, que la perruche vini ou *ari-manou* de Commerson et de Buffon, se trouve en grande abondance.

Nous croyons donc que chaque Archipel de l'Océanie a des tribus des Vinis, qui sont différentes. Jusqu'à ce jour tout prouve cette loi de géographie zoologique qui serait en contradiction avec la formation géologique de ces îles que l'on suppose être le résultat de la déchirure d'un continent. Les animaux se seraient donc propagés sur ces terres par types distincts et variés, bien que semblables par leur organisation intérieure et par une certaine similitude de formes ; un autre exemple est celui fourni par la colombe *kurukava*, que l'on trouve dans les Archipels et partout avec des variantes.

Les îles Marquises, les îles Fidjis, les îles Gambier doivent avoir des espèces de perruches vinis ou phigys distinctes ; cela pour moi n'est pas douteux, et pour les îles Marquises l'espèce que nous allons décrire vient affirmer le fait général que nous avançons ; c'est sans contredit une des plus gracieuses espèces que l'on puisse citer, et nous la dédions à M. Adolphe Lesson, médecin de 1re classe de la marine, chargé en chef du service de santé de îles Marquises, à Nouka-Hiva même, patrie du gracieux oiseau que nous décrivons. L'individu type dont nous devons un beau dessin à l'habile

924.

pinceau de M. Prêtre, nous a été communiqué par notre ami Longuemare.

La perruche ou *psittacule* de *Lesson*

(*psittacus* ou *psittacula Lessoni*, nobis) a une taille un peu plus forte que *Levini* d'Otaïti. Comme ces dernières, son plumage est soyeux, luisant, et les plumes de la tête et de l'occiput sont allongées, étroites, et forment une sorte de huppe : non complètement adulte, et prenant sa parure de noces, cette petite espèce de perroquet, a des plumes barriolées* de blanc, de gris et de brun, sur le devant du cou, les joues, le thorax et le ventre, et comme une ceinture d'un riche bleu azur règne sur le bas de la poitrine, il en résulte que l'oiseau adulte doit avoir tout le dessous du corps de ce même riche bleu azur, quand il est adulte.

La psittacule de Lesson a de longueur totale 19 centimètres ; sa queue est pointue, et les ailes sont presque aussi longues qu'elle ; son bec est orangé masqué de noir à la pointe, et entièrement noir à la mandibule inférieure, les tarses sont orangés, et les ongles noirs ; l'œil est brun bordé d'un cercle orangé ; un bandeau d'un riche vert aigu*-marine couvre le front ; les plumes effilées et étroites du sinciput sont d'un bleu azur fort vif et fort lustré, strié de bleu satiné ; ce bleu s'arrête au-delà de l'occiput, tout le dessus du corps, les ailes sont de ce même vert aigu*-marine, mais à nuance glacée et plus douce sur le bas du dos et le croupion ; des plumes écailleuses, de plumage de mue, sont blanches et noires et parfois grises, et recouvrent le devant du cou, à partir du menton, les joues et le thorax ; le bas de cette partie est revêtu d'une écharpe bleue, le ventre et les flancs sont mélangées de stries bleues et de plumes blanches ; enfin la région anale et les plumes tibiales sont du plus riche bleu azur, les pennes caudales sont blanches lavées de vert d'eau clair sur les extrémités, et de brun à leur base ; les rémiges sont noires, mais frangées de bleu-vert sur les bords.

Cette gracieuse espèce de perruche est nommée *pehili* à Nu-Kahiva, sa patrie.

R.-P. Lesson.

10e année.

Paris. — Dimanche, 29 mai 1843. N° 40.

947. **ZOOLOGIE.**

Sur quelques oiseaux nouveaux ; par R.-P. Lesson.

La Bolivie a enrichi nos musées d'une foule d'oiseaux remarquables par la richesse de leurs livrées, et ce sont surtout les oiseaux mouches qui ont vu leurs espèces s'accroître par la découverte d'espèces aussi nombreuses que riches et variées, souvent bizarres ou hétéroclites, surtout l'oiseau mouche ensifère ; il en est deux surtout qui méritent un examen particulier, et toutes deux appartiennent aux Tangaras, ce genre si riche en espèce*, et surtout à la section des tangaras gros becs.

Le *Tanagra prasina*, devenu assez commun depuis quelque temps, est remarquable par le riche vert lustré de son plumage, qui le fait ressembler à une petite perruche, son bec en rouge de corail et les tarses ont la même colloration*; un masque marron occupe le front, les joues, les oreilles et le devant du gosier, la région anale et les couvertures inférieures de la queue sont de ce même rouge marron, les rémiges sont brunes en dedans, mais frangées de vert*; la queue légèrement égale et verte en dessus, et d'un vert clair en dessous, cet oiseau est de la taille d'un loxie gros bec ou coccothraustes.

Le *Tanagra Erythrotis* est un fort bel oiseau splendidement coloré, et dont le plumage est velouté et petint* avec un éclat extraordinaire ; le bec est moins robuste que celui du prasina, mais comme lui il appartient à la même section des Tangaras gros bec ; l'érythrotis a le bec et les tarses noirs, un plumage noir velours sur la tête, le cou, le dos, les épaules, les joues, et le devant du cou, un oreillon en demi cercle d'un rouge vermillon embrasse les côtés du cou, en arrière des oreilles ; le devant du thorax, les flancs, les couvertures inférieures de la queue sont d'un riche rouge vermillon, les ailes et la queue sont noirs-velours, mais les épaules et le croupion ont de riches plaques bleu azur ; la taille de cet oiseau est celle d'un proyer de France.

J'ai nommé dans la revue zoologique *pipra fasluosa*, une espèce nouvelle de manakin située à Realejo (république du centre Amérique), par mon frère. Je n'ai

948.

fait connaître cette espèce que par une courte phrase diagnostique, et je vais maintenant en donner une description plus complète, détaillée et de la forme du manakin tigé ; le fastueux a le bec noir, les tarses jaunes et les plumes frontales, légèrement relevées en brosse, elles sont d'un noir velours chez le mâle, ce noir, règne sans partage sur les joues, les côtés du cou, le gosier et le devant du cou, le ventre et les flancs, les ailes et la queue ; du milieu de l'inciput jusqu'à l'occiput, règne une plaque d'un rouge fulgide, et dont les plumes allongées forment une sorte de houpette*, un demi collier noir encadre cette plaque rouge, et une sorte de frange d'un gris blanchâtre borde ce demi-collier noir ; le dos et les couvertures des ailes sont du* bleu d'azur clair et cendré de nuance douce ; la queue est très courte, mais les deux rectrices du milieu s'allongent en longs brins étroits et rubanés d'un noir assez intense.

Les jeunes mâles ont le plumage vert olivâtre sur le corps, vert jaunâtre sur le ventre ; les ailes de ce même vert olive mêlé de roussâtre, mais la plaque rouge existe sur la tête et les deux longs brins de la queue sont noirs et déjà développés comme chez les adultes.

La femelle est entièrement d'un vert olivâtre sur le corps, plus nuancé de jaunâtre sur le devant du cou et au milieu du ventre, le bec est noir et les tarses sont jaunes, la queue plus alongée* que chez le mâle est vert olive, et les deux pennes du milieu sont médiocrement longues, rubanées et fort étroites.

J'ai déposé ces trois individus au muséum d'histoire naturelle. Lesson.

10e année.

Paris. — Dimanche, 4 juin 1843. No 42.

991 **ZOOLOGIE**

Nouvelle espèce d'oiseau mouche des plus remarquables*, (*ornismya helenœ*) ; par A. De Lattre*).

Parmi les espèces les plus riches comme les plus belles d'oiseaux mouches,il n'en est pas sans contredit de plus remarquables que la tribu de ceux dits *Lophornis*, et parmi ceux-ci vient se placer l'espèce que M. Lesson lui-même a trouvée admirable, et que nous nommons l'oiseau Mouche-Hélène (*ornismya Helenoe**),en l'honneur d'Hélène d'Orléans, cette noble princesse protectrice des arts qu'elle encourage et qu'elle cultive avec tant de goût, et dont la grande infortune rehausse le beau caractère; puisse la princesse Hélène accueillir avec bonté cet hommage d'un voyageur, heureux dans les contrées lointaines, de conquérir cette rarissime espèce pour lui donner le nom d'une épouse et d'une mère si chère à la France.

L'oiseau Mouche-Hélène a la taille du huppe-col, son bec est petit, court, aciculé, et ses ailes étroites sont de la longueur de la queue; celle-ci est large, presque égale, mais formant éventail. Les rectrices en sont larges, rigidules.

Le mâle possède les plus somptueuses parures, son front est surmonté de deux huppes pointues, et sur le milieu du sinciput sont implantés des filaments capillacés fins, au nombre de trois de chaque côté, qui donnent à la parure de cet oiseau gracieux la plus complète analogie avec celle de quelques crinons. Les plumes jugulaires, évasées en éventail, forment un hausse-col arrondi des plus gracieux, et ce hausse-col résulte d'un assemblage de plumes étroites, lancéolées, pointues.

Aux formes si coquettement gracieuses, l'oiseau Mouche-Hélène joint une richesse extraordinaire de coloris. Les deux huppes effilées du front brillent de l'éclat vert de l'émeraude, en se glaçant sous certains reflets en velours, et marqué de roux sur quelques points ; les crins du sinciput sont noirs, le plus riche vert frais est saupoudré d'or, teint le cou, le dos, et s'arrête au croupion où se dessine une barre blanche ;

992.

les couvertures supérieures de la queue sont d'un violet métallisé; un plastron vert émeraude des plus brillants chatoie sur le gosier et se trouve encadré par la large collerette de plumes étalées, teinte de noir velours dans le bas, et dont chaque plume de côté est par moitié noir velours ou chamois clair ; un gris roux teint le dessous de cette collerette, puis des paillettes d'or sont semées sur le ventre, les flancs, jusqu'aux couvertures inférieures qui sont rousses.

Le bec est jaune, les tarses sont grêles et jaunâtres; un pourpre violet teint les ailes et la queue rouge canelle* en dessous, à chaque penne rouge cannelée bordée extérieurement de noir ; les rectrices moyennes sont elles-mêmes terminées largement de noir.

La femelle, comme ses congénères, est simple dans sa parure. Du vert doré sur la tête et le dos, une barre jaune clair sur le croupion, du vert doré sur les côtés du cou et les flancs, une tache noire sur la région auriculaire, la distinguent suffisamment. La gorge et le devant du cou sont blancs picotés d'or. Une ceinture dorée et des paillettes dorées tranchent avec le blanc du ventre, teint de rouille. Les couvertures inférieures sont entièrement rouille, les pennes de la queue vert doré à la base, puis noires sous* terminées de roux vif.

Cette belle espèce vit sur les hauteurs de la haute Vera-Pax, sur la route de Petinck, dans la république de Guatimala* ; il a les mœurs des huppe-cols, et ne se trouve que dans les grands bois, et jamais proche les* habitations.

10e année.

Paris. — Jeudi, 15 juin 1843. No 45.

1068. **ZOOLOGIE**

*Oiseaux-Mouches nouveaux ou peu connus, découverts au Gualimala**, par M. A. Delattre.

Le Guatimala possède aussi des espèces d'oiseaux-mouches qui lui sont propres, et si les terres refroidies de la haute Vera-Pax ont leurs espèces, et si le district sauvage de Petinck, là où les communications sont difficiles et dangereuses, nous ont procuré la magnifique espèce que nous avons appelée l'oiseau-mouche Hélène (*ornismya Helenæ*, *Echo* du 4 juin 1843), les terres chaudes et basses de la Vera-Pax nous ont donné des espèces propres et quelques autres qu'on retrouve au Brésil. Ainsi à *Taleman*, nous avons eu deux espèces nouvelles, et de plus la *jacobine*, qui

1069.

diffère de la race du Brésil par une bordure noire plus prononcée à la queue et par quelques modifications de la taille.

2o Le camphyloptère* roux (*campylopterus rufus*, Less., rev. zool.) vert-doré sur le corps, roux chamois fort vif en dessous, ayant la queue large, rouge cannelle en dessous et marquée d'une large bande noire. Un point blanc derrière l'œil, le bec est noir, très robuste, et les tarses sont jaunes.

3o Le brins blancs Guy (*ornismya Guy*, Lesson), à joues brunes, à gorge noirâtre, à plumage roussâtre en dessous, le demi bec supérieur noir à l'inférieur orangé.

4o L'oiseau Mouche abeille (*ornismya abeillei*, Less. et Delatre*, rev. zooll*., 1839, p. 16), l'adulte en plumage parfait, la femelle a surtout un individu atteint de mélanisme, le vert doré du corps est remplacé par un noir glacé, luisant en dessus, passant au noirâtre sur le gosier, et au gris brun sale sur le ventre, la queue est d'un noir d'acier avec une bordure blanche.

5º L'oiseau Mouche roux du Mexique (*ornismya rulila*, Lesson. rev. zool. 1842), que M. Adolphe Lesson a trouvé à Acapulco, cet* espèce a le bec couleur de corail, à pointe noire, tout le dessus du corps vert doré, le dessous d'un roux tabac d'Espagne fort vif, le croupion roux a la queue cannelle luisant avec des franges brunes aux bords et au sommet des pennes.

6º L'oiseau Mouche amazili (*ornismya amazili*), à queue cannelle luisante très forcée*, à ventre grisâtre.

7º L'oiseau Mouche ricord de la Havane, dans sa livrée complète et dans son jeune âge, la tête grisâtre, une ligne grise sur le milieu du crops.

8º Le brins blancs longuemare (*ornismya longuemani**, Less.).

9º Le Constant (*ornismya Conslanlii*, Delattre) espèce fort curieuse, voisine du Henry, son bec plus long qui atteint jusqu'à 4 centimètres, le plumage est le même, c'est-à-dire vert doré sombre sur le corps, mais en-dessous il est gris brun sale sur le ventre, avec du blanc à la ceinture et les couvertures inférieures grises bordées de blanc. Les ailes sont d'un brun pourpré uniforme. La plaque qui revêt le devant du cou est franchement rubis, mais dans certains jours, les écailles sont frangées de blanc comme celles du Henry.

Comme le Henry, il a un trait pur au dessus de l'œil et un deuxième au dessous. Le bec et les tarses sont noires* ; dans le Henry les tarses sont jaunes. Il se tient dans les jardins et ne va pas dans les bois.

10° Deux sortes d'oiseaux-mouches verts, à ventre blanc, qui ont besoin d'être comparés avec les espèces décrites, mais qui peuvent être distincts.

11° L'oiseau-mouche riche, , *ornismya eximia*, Delattre. Espèce fort voisine de l'œnone (Lesson), mais distingué par la coloration de sa queue. Cet oiseau a les ailes aussi longues que la queue, et celle-ci composée de larges rectrices est égale. Le bec est noir, droit, assez long. Les tarses sont jaunes ; un riche vert colore la tête, le cou, le dos, le croupion, et un vert éclatant teint tout le dessous du corps, moins la région anale qui est blanche, ainsi que les couvertures inférieures. Une belle plaque maron* vif recouvre les épaules. Les pennes sont bruns* pourprés et la queue est noir d'acier en dessus, mais le dedans des pennes est blanc en dedans.

1070.

La femelle, vert-doré sur le corps, d'un gris cendré en dessous, a les plaques des épaules semblables à celles du mâle. La queue est en partie noire et blanche.

12° L'oiseau-Mouche rufule (*ornymia* *rufula*, Delattre). Taille de 7 centimètres, le bec et la queue compris dans ces dimensions; le bec assez alongé*, noir ainsi que les tarses ; tout le dessus du corps vert doré, marqué sur le croupion de deux traits blanc-buffle, qui annoncent que c'est un jeune jeune* âge. Tous* le dessous du corps jaune canelé. Les ailes aussi longues que la queue ; celle-ci est courte, à pennes noires terminées de roux.

Nous pensons que l'individu que nous décrivons est, ou le jeune âge du zeinès ou l'individu femelle.

13° Le brin-blancs* au long bec (*ornismya longirostris*, Delattre). Cet oiseau d'une tribu qui compte aujourd'hui de nombreuses espèces ; mesure, 15 centim. et 1/2 de longueur totale. Le bec seul entre dans ces dimensions pour 5 centimètres, et la queue pour 6. Le bec est fort, recourbé, à mandibule supérieure noire, l'inférieure jaune, excepté la pointe qui est noire, l'oxiput* brunâtre, dos verdâtre, croupion et couvertures supérieures de la queue rousses, ondées de noirâtre ; joues noires, masquées de deux traits blancs l'un au dessus de l'œil et l'autre au dessous. Gosier et devant du cou gris brunâtre, ventre roux vif ; queue étagée, à pennes noires, bordées de roux. Les deux du milieu terminées par deux longs brins d'un blanc pur ; tarses jaunes.

14° L'oiseau-Mouche Gabriel (*ornismay* Gabriel*, Delattre). C'est près du *pou-*

chel et de l'*auritus*, que doit être classé cet oiseau, à calotte du plus riche bleu pourpré scintillant. Le plumage est vert luisant vif, que relève le blanc de Neige du dessous du corps et de la queue, à partir du menton. Le bec et les tarses sont noirs. Les côtés de la tête et les joues sont d'un noir de velours, que relève une bordure vert doré, qui part du demi-bec inférieur et se rend sur les jugulaires. Parfois, à l'extrémité de la plaque noire noire* des joues se montrent quelques écailles bleues. Les ailes, un peu moins longues que la queue, sont brun-pourpré. Les pennes de la queue sont étagées, d'un blanc de neige, les deux du milieu excepté, qui sont noires. Cet oiseau a 14 centimètres de longueur totale.

A. Delattre

(1843, 2e semestre.)

10e année.

Paris. — Jeudi, 10 août 1843. No 11.

254. **ZOOLOGIE**

Complément à l'histoire naturelle des oiseaux-mouches ; par M. R. P. Lesson. T. 4, *inédit.*

(Premier article.)

Le tome 4, encore inédit, se compose de cent magnifiques vélins peints par M. Prêtre, et renferme un grand nombre d'espèces

nouvelles, que l'auteur a bien voulu pu-
255.
blier dans notre recueil. Nous donnerons donc successivement et par articles les descriptions originales de ce beau recueil, que M. Lesson renonce à publier autrement.

Pl. 1 : Première race : les Patagons. Nid de l'oiseau-mouche géant, *trochilus gigas*, Vieillot ; *ornismya tristis*, Lesson Ois.-m., pl. 3.

Le nid de l'oiseau mouche géant a été rapporté des environs de Valdivia par M. Adolphe Lesson, médecin de première classe de la marine. Il est placé, pour l'ordinaire, sur les divisions des branches du canellier de Winter. Sa forme est semi-globuleuse et la portion creuse est peu profonde. Il est composé de laine mélangée à des portions soyeuses de végétaux, et feutré à l'extérieur avec des soies de chardon, des filaments de lichens colorés en brun-rougeâtre ou en gris sale.

Pl. 2 : l'oiseau-mouche temminck, mâle adulte ; pl. 3 : le même, jeune âge ; pl. 4 : la femelle.

L'oiseau-mouche temminck, *ornismya temminckii*, Boissonm.* (Rev. zool., 1839, p. 354), se rapproche, par les formes, de l'oiseau-mouche patagon ; mais il en diffère beaucoup par la coloration. Il a été figuré dans le Magasin de Zoologie (année 1840, pl. 14).

Les deux sexes ont le bec long, noir, parfaitement droit, et aciculé, peu ou point renflé à l'extrémité. Les ailes, fort longues et fort puissantes, atteignent l'extrémité de la queue. Celle-ci, composée de rectrices larges, fortes et arrondies à leur sommet, est échancrée. Les tarses, entièrement nus sont jaunes, avec des ongles très robustes et noirs ; les baguettes des ailes sont rigidules, creusées d'un mince sillon et égales.

Le mâle adulte a le bec long de 14 lignes et près de 7 pouces de longueur totale. Un vert doré sombre recouvre la tête, le cou, le dos et le croupion, où il prend des reflets d'émeraude plus vifs. La queue, en dessus, est uniformément d'un vert noir métallisé intense ; un vert doré, légèrement lavé de teinte acier, est répandu sans distinction sur toutes les parties inférieures, en prenant de riches reflets d'émeraude sur les flancs, le ventre et la région anale, et passant au vert bronzé sur les couvertures inférieures de la queue et sur les pennes caudales en-dessous. Le dedans des ailes est d'un riche azur métallique, légèrement pourpré. Les épaules et les grandes couvertures ont aussi une teinte bleue* d'acier, et enfin les pennes alaires, noir mat, sont lavées de bleu-violet sur leurs barbes externes.

Le jeune mâle a 6 pouces 1/2 de longueur totale, et le bec entre pour 14 lignes dans ces dimensions. Le bec est droit, noir ; les tarses sont jaunes à ongles noirs.

Un vert brun doré recouvre le cou, le dos et les épaules ; mais il passe au vert bleu sur le croupion. Le bleu des épaules tire au verdâtre glauque, et les petites couvertures seules sont d'un riche bleu d'azur. Le vert du sommet de la tête passe au brun et forme une sorte de calotte terne. Tout le dessous du corps est varié de roux sale et de vert doré bleu. Les couvertures inférieures sont vert bronzé, et le bas-ventre est roux assez prononcé. Les ailes, de la longueur de la queue, sont noir pourpré-franc ; et la queue, peu fourchue, a les pennes moyennes vert bronzé, les latérales noires et vert bronzé, et les deux plus externes brunes sur les bords, et d'un gris blanc perlé à leur milieu le long du rachis.

256.

Cet oiseau habite Santafé de Bogota. La femelle est plus petite; son bec ne mesure que 11 lignes, et sa longueur totale n'est que de 6 pouces 3 lignes. Le dessus du corps est vert doré, le front excepté qui est brunâtre, mais une nuance rousse assez vive règne depuis le menton jusqu'au bas-ventre. Sur les côtés du cou, le roux est tacheté de vert doré ; il en est de même sur les flancs. Les couvertures inférieures sont vert doré. Enfin les pennes moyennes de la queue sont vert cuivre ; mais les latérales brunes sont lavées de vert cuivré à leurs barbes externes, et les deux plus extérieures sont noires à leurs bords, et blanc pur dans toute leur longueur.

Cette curieuse espèce habite Santafé de Bogota et nous a été communiquée par M. Pazzudaki*.

R. P. Lesson.

10e année.
Paris. — Jeudi, 5 octobre. 1843. N° 27.

ZOOLOGIE

634. ORNITHOLOGIE

Note sur le genre SEIURUS *et sur les espèces qui lui appartiennent*, par R. P. Lesson.

Swainson créa en 1831 le genre *Seiurus* comme un démembrement des *Accentor*, conduisant à son petit genre *Trichas*. Il se borna, en 1837, à cette courte caractéristique : *Bec échancré à la mandibule supérieure ; queue égale ; doigt du milieu beaucoup plus long que le pouce.*

Les deux espèces qu'il admet sont le *Seiurus auricapillus*, pl. 14, fig. 2 de Wilson, et le *S. aquaticus*, figuré pl. 43 de la zoologie du Nord.

Suivant Richardson, les Seiurus, qui agitent leur queue à la manière des motacilles, fréquentent, du moins l'espèce dite *aquaticus*, les bords des golfes et des rivières, et les prairies, tandis que *l'aurocapillus* affectionne les branches les plus basses des arbrisseaux des forêts.

Dans l'ouvrage intitulé *Norlhern zoology*, publié en 1831, les *Seiurus* appartiennent à la famille des *Sylviadées*. C'est en effet parmi les *Sylvia* que Bonaparte décrit l'espèce type, et c'est parmi les *Turdus* que Latham, Edwards, Vieillot, l'ont rangée.

L'espèce type, *Seiurus aurocapillus*, est le *Turdus aurocapilla* de Wilson, *Turdus coronalus* de Vieillot, la *Motacilla aurocapilla* de Gmelin, la *Ficedula pensylvatica* de Brisson. Buffon l'a figurée dans ses pl. enlum., 398, fig. 2, sous le nom de *Grivelelle de Sainl-Domingue.*

Cet oiseau habite tout le nord de l'Amérique, depuis la Pensylvanie jusqu'aux latitudes les plus élevées. Il est commun surtout sur les rives de la Saskatchewan. C'est aussi une espèce des Grandes Antilles qu'on trouve à Saint-Domingue et dans le golfe du Mexique. Son nid, posé par terre,

635.

est construit avec des feuilles enlacées de cheveux ou de filaments. Les œufs sont au nombre de quatre ou cinq, blancs, tachetés vers le gros bout de brun jaunâtre, mêlés de taches gris-pourpré. Son chant est doux, net et assez agréable.

La dexième* espèce, figurée par Swainson, est le *Seiurus aquaticus*, pl. 43, que déjà le même auteur avait décrit sous le nom de *Seiurus tenuirostris*, dans ses *Birds of Mexico*, nº 36. Wilson l'avait figurée sous celui de *Turdus aquaticus* (pl. 23. fig. 5), et Audubon (pl. 19) en avait donné une autre gravure enluminée. Peut-être doit-on rapporter à cette espèce la fauvette de l'enluminure 752, fig. 1. Cet oiseau, également du nord de l'Amérique, se retrouve aussi au Mexique et probablement sur tout le pourtour du golfe.

A ces deux espèces types, M. D'Orbigny en ajoute une troisième sous le nom erroné de *Seiurus sulfurascens*, qu'il a figuré pl. 6 de l'Histoire de Cuba. Le *Seiurus sulfurascens* se trouve, avec *l'aurocapillus*, à Cuba, de même que dans la Georgie et autres provinces du sud des Etats-Unis.

Ce genre de *Seiurus* formé de trois espèces ayant entre elles la plus grande analogie de formes, de coloration et de mœurs, devra s'accroître de deux espèces que nous allons mentionner, et qui élèvent à cinq le nombre de celles qui doivent aujourd'hui le composer. Ce sont, par le facies, de véritables *anthus* à bec en poinçon, à queue médiocre et échancrée, à tarses élevés et grêles, à doigt médian fort allongé. Le plumage est brun en dessus généralement, et le dessous est plus ou moins grivelé.

J'ai fait peindre dans ma collection de vélins le *Seiurus L'Herminieri* du Mexique, et que j'ai décrit sous le nom d'*Anthus L'Herminieri*, dans la Revue zoologique de

1839, p. 101. L'autre espèce, dont je suis aussi redevable au docteur L'Herminier, est de la Guadeloupe, où on la nomme *Petite pintade*. Ce sera le *Seiurus guadelupensis*, Lesson.

Les plus grands rapports unissent les quatre dernières espèces du genre. *L'Aurocapillus*, par sa calotte jaune, est seule bien distincte. Les autres varient par le brun plus ou moins étendu du dessus du corps, par le jaune plus ou moins vif du dessous du corps, et par les taches ou flammèches noires plus ou moins nombreuses, larges, etc. Le sourcil, au-dessus de l'œil, différencie* également chaque espèce.

Le petit genre qui nous occupe est très naturel. Il présente toutes les conditions d'un bon genre, à savoir : la conformation commune des organes de préhension alimentaire et des appareils de locomotion terrestre ou aérienne. La nature identique et la coloration des organes tecteurs du derme ; enfin les habitudes et les mœurs. Seulement il reste pour les quatre dernières espèces à connaître la forme et la couleur des œufs, la texture du nid.

Swainson à donc eu tort de ne considérer ses *Seiurus* que comme un démembrement des *Motacilles*. C'est un genre bien caractérisé, à placer entre les Sylvies, les Accenteurs et les Anthus, et avec ces derniers.

La distribution géographique de ces oi-

seaux est également bien circonscrite. On les trouve depuis le nord des Etats-Unis jusqu'au Mexique et au Yucatan, se propageant sur les îles Antilles, Cuba, Saint-Domingue et les petites Antilles, où sans
636.
doute de nouvelles espèces seront rencontrées par les futurs voyageurs.

Lesson.

10e année.

Paris. — Jeudi, 12 octobre 1843. N° 29.

684. **ORNITHOLOGIE**

Complément à l'histoire naturelle des oiseaux-mouches, par M. Lesson, *tom.* 4 *inédit.*

(Deuxième article.)

(Pl. 5, 6 et 7). — 2e race : Les Campyloptère *. L'oiseau-mouche campyloptère
685.
Delattre (*Ornismya campylopterus*) *Delattrei* Lesson, Revue zool., n° 1 (1839), p. 14.

La belle et rare espèce d'oiseau mouche qui porte le nom de Suce fleurs royal, chez les Mexicains de Jalapa, a été découverte par M. Delattre, auquel nous attachons son nom, car peu de voyageurs ont plus enrichi l'histoire naturelle des Trochilidées d'un plus grand nombre de belles espèces et de détails plus précis sur leurs mœurs que cet ardent et zélé voyageur.

Le mâle adulte (pl. 5) mesure un peu plus de cinq pouces, son bec, long de 13 lignes, est fort, recourbé, très comprimé sur les côtés et entièrement noir. Les ailes, un peu moins longues que la queue, sont robustes et remarquables par la dilatation coudée des baguettes des trois premières remiges*. La baguette de la première est surtout très large et striée ; leur couleur à toutes est un brun luisant et les pennes sont brun pourpré. Ces baguettes ne prennent la dilatation qu'avec l'âge, car les jeunes mâles ne présentent pas cette modification. Les tarses, vêtus jusqu'au talon, sont proportionnellement grêles et brunâtres, la plante excepté qui est blanchâtre. La queue est comme carrée, médiocre et dépasse un peu les ailes ; elle est formée de rectrices larges et rigides, assez égales à leur sommet, excepté chez les jeunes où les latérales sont plus courtes.

Quant à la coloration du plumage, le Delattre est une des plus somptueuses espèces d'oiseaux-mouches et se rapproche par la forme de son bec et de son corps et par le bleu saphir du corps de certains souï-mangas. Le sommet de la tête, garni de plumes comme écailleuses, est d'un brunâtre sale, nuancé de vert ; à partir de l'occiput jusqu'au milieu du dos un riche azur pourpré à reflets d'acier poli s'étend sur ces parties, et se mêle au vert doré foncé des épaules et du bas du dos. Les couvertures supérieures de la queue sont d'un vert émeraudin glacé d'or. Tout le dessous du corps, à partir du menton jusqu'au milieu du ventre, est de ce riche bleu azur nuancé de pourpre et chatoyant vivement. Un cercle de plumes noires, mates, entoure chaque œil et se prolonge sur les joues, Un* point blanc occupe le derrière de l'orbite. Le ventre est noir, les plumes tibiales sont blanches et les flancs sont teintés de vert doré. Les couvertures inférieures sont vertes bleuâtres glacées de cuivre poli. Les pennes caudales noir-bleu luisant sur les deux pennes moyennes ; les deux latérales sont noires, et les plus latérales sont noires terminées de blanc neigeux.

(Pl. 6). — Le mâle, prenant sa livrée d'adulte, a le dessus du corps vert doré avec deux ou trois écailles bleues à la nuque. Tout le dessous du corps brun nuancé sur les côtés du cou et les flancs de vert doré, avec de larges plaques azur-pourpré, très brillantes, plus marquées sur la ligne médiane du cou, du torax* et du ventre.

(Pl. 7). Plus jeune encore, le vert doré du corps est plus frais et plus brillant. Tout le dessous du corps est gris fuligineux avec du vert doré sur les cotés* du cou et aux couvertures inférieures qui sont frangées de gris. Des écailles très petites, azur émaillent le devant du gosier. Les rectrices latérales sont plus courtes, ce qui donne à la queue une forme conique.

M. Delattre rapporte que cet oiseau-mouche s'occupe pendant le jour à cher-

686.

cher sa nourriture, sans avoir d'heure fixe, qu'il adopte un buisson dont il chasse impitoyablement les autres oiseaux-mouches ou colibris qui essaieraient d'en approcher. En prenant son vol, il pousse un petit cri. C'est dans les forêts de Jalapa, qu'il fréquente seulement pendant deux mois de l'année, qu'on trouve ce bel et curieux oiseau.

Telle est d'ailleurs la note plus détaillée que nous a envoyé M. Delattre.

« Connu sous le nom de *Suce-fleurs royal*, se tenant dans les forêts aux environs de Jalapa, pendant deux ou trois mois de l'année, quelquefois s'approchant des habitations et toujours choisissant un arbre à l'encoignure des chemins afin d'avoir plus de chances de satisfaire ses goûts tyranniques, cherchant sa nourriture du matin au soir et mangeant toujours ; la queue assez ouverte pour que l'on distingue facilement les six plumes blanches, adoptant un buisson garni de fleurs, et ne s'en écartant pas ; poursuivant avec fureur toutes les espèces d'oiseaux-mouches qui passent devant ledit buisson et faisant un cri presque chaque fois qu'il vole d'un arbre à l'autre, mais pas en mangeant ; recherchant un climat un peu froid.

(Pl. 8). Le Campyloptère azuré, *Campylopterus azureus*, Lesson.

T. Mazeppa, mâle, Lesson, Revue zoologique, 1840, p. 72, nº 25.

Nous connaissons les deux sexes de cette belle espèce, dont M. Longuemare nous a fait parvenir, le mâle adulte, qu'il avait reçu d'un officier de la frégate *La Vénus*. Au premier aspect, il ressemble au Colibri Lazulite, mais il appartient à la tribu des vrais Campyloptères.

Cet oiseau a le bec robuste, recourbé, entièrement noir. Ses tarses sont brun-clair. Les ailes, larges et robustes, ont les deux premières baguettes dilatées et très rigides. Ces ailes sont brun pourpré vif et atteignent presque la longueur de la queue. Celle-ci est formée de larges pennes arrondies au bout, et est presque rectiligne.

Ce colibri mesure 12 centimètres de longueur totale. Le bec seul entre pour 3 centimètres, et la queue pour 4 dans ces dimensions totales. Le vert émerande* le plus frais et le plus gemmacé chatoie sur la tête, le cou, les épaules, et passe au vert bleu sur le croupion et sur les couvertures supérieures de la queue. Le devant du corps, le manton* jusqu'au thorax et même jusqu'au milieu de l'abdomen, et* du plus riche azur à reflets violets sur le devant du cou et au bleu indigo sur le milieu du ventre. Les côtés du cou et les flancs sont entièrement vert doré. La région anale est grise. Le milieu de l'abdomen est noirâtre. Les couvertures inférieures sont de la nuance canelle* la plus franche, bien que quelques plumes soient terminées de vert doré.

Toutes les rectrices sont en dessus d'un marron cuivré qui se frange de noir bleu ou de bleu d'acier au rebord des deux pennes moyennes, et brun à leur milieu. Les pennes latérales ont à leur sommet une plaque vert doré.

La femelle a une taille moindre, mais absolument la même coloration que le mâle. Seulement on la reconnaît à ses baguettes des rémiges moins dilatées. Les deux rectrices médianes ont du vert doré avec du roux canelle* à leur milieu. Le bec et les tarses, dans les deux sexes sont noirs.

687.

La patrie de cette belle espèce paraît être Santa Fé-de-Bogota, bien qu'on m'ait donné l'île de Juan de Curaçao.

Lesson.

10e année.[1]
Paris. — Jeudi, 19 octobre 1843. No 31.

732. **ORNITHOLOGIE**

Complément à l'histoire naturelle des oiseaux-mouches ; *par* M. Lesson, *tom.* 4 *inédit.*

(Troisième article.)

(Pl. 9 et 10). — Le campyloptère roux, *campylopterus rufus*, Lesson, Rev. zool., 1840, p. 73, no 13.

Chez les deux sexes, le bec est long, robuste, incurvé, mesurant 11 lignes et 1/2. Les ailes sont aussi longues que la queue, étroites, brun pourpré. La queue est égale, formé de rectrices fortes, larges et arrondies à leur sommet.

(Pl. 10). Le devant de la tête est brun roussâtre sale, mais à partir de l'occiput, le plumage prend les reflets de vert doré cuivreux très luisant sur le cou, le dos, le croupion, les épaules et les couvertures supérieures de la queue. Une nuance chamois fort vive colore les parties inférieures depuis le menton, les joues, les côtés et le devant du cou jusqu'aux couvertures inférieures de la queue. Les tarses sont jaunes à ongles noirs. Les deux pennes moyennes des rectrices sont franchement vert cuivré. Les deux qui les suivent immédiatement sont roux vif à leur portion moyenne, puis vert doré*, puis barrées de noir et terminées de roux canelle* frais; les latérales sont de ce même roux canelle avec une large barre noir velours, avant leur terminaison. Les deux plus externes enfin, sont œillées de noir à leur bord interne seulement. Les deux sexes ont 5 pouces de longueur.

(Pl. 9). — Le mâle diffère de la femelle par ses ailes plus larges, plus coudées, et par les 3 baguettes des rémiges, très dilatées à leur milieu et sinuées sur les bords. Les baguettes des ailes de la femelle sont minces et grêles.

Cette curieuse espèce habite Guatimala* : M. Delattre m'a montré une variété qu'il a tuée à la Vera-Pax dans le Guatimala, qui a le plumage vert doré en dessus, roux chamois vif en dessous, ayant la queue rouge canelle marquée d'une large bande noire. Son bec est noir, très robuste et les tarses sont jaunes. Enfin ce qui la distingue surtout est une tache blanc pur placée derrière l'œil. Peut-être serait-ce une espèce. Cette variété est mentionnée, *Echo du monde savant*, nº 45, 1843, p. 1068.

(Pl. 11). — Race : les Anaïs. Le colibri anaïs, *trochilus anaïs*, Lesson, Rev. zool., 1838, p. 315, nº 12, et 1839, p. 19.

T. Rostro longo, incurvato, nigro ; corpore nigro sericeo, aureo. Viridi miniato ; abdomine, anali et tectricibus inferioribus fuliginosis ; linea nigra, rufo, marginata, sub mentem et colli partem anteriorem. Cauda rotunda, lata, nigro viridi aurea, et pennis albido marginatis. Hab. *Guyana.*

Ce colibri a 3 pouces, 9 lignes de longueur totale et son bec seul y entre pour 13 lignes. Ce bec est robuste, légèrement recourbé, entièrement noir, et à mandibule supérieure plus longue que l'inférieure. Les ailes brunes pourprées sont robustes, assez larges et aussi longues que la queue, celle-ci est large, arrondie en éventail*, composée de rectrices légèrement mucronées à leur sommet.

Le plumage de ce colibri est un vert doré assez sombre sur la tête, le dos, le croupion, les couvertures supérieures de la queue, le cou et les flancs. Le bas ventre et les couvertures inférieures de la queue sont franchement fuligineux. Une plaque noire règne longitudinalement au

733.

devant du cou et se trouve arrêtée dans le bas par une bandelette rousse. Les pennes caudales sont vert doré brun en dessous, franchement brunes sur les côtés, et terminées d'une sorte de liseré gris sale ou blanchâtre. Les tarses sont gris et les ongles sont jaunes.

Un individu que nous a communiqué M. Longuemare et un deuxième que nous a communiqué M. Delattre sont les seuls que nous ayons vus, ils provenaient de la Guyane.

La livrée sombre et de deuil de cet oiseau s'est identifiée avec la perte irréparable que j'ai faite, lorsque je traçais sa description, de ma fille Anaïs, morte le 3 novembre 1838 à l'âge de 11 ans, donnant les plus grandes espérances : elle était fille de Clémence Dumont et petite-fille du judicieux auteur de l'ornithologie du *Dictionnaire des sciences naturelles*. Puisse cet oiseau, au lugubre plumage, éterniser ma douleur dans les forêts du Nouveau-Monde.

(Pl. 12 et 13). — Race : les PETASOPHORES. L'oiseau mouche de Delphine, *ornismya Delphinæ**, Lesson, illust., t. 2, 1832, pl. 64 ; et Rev. zool., 1839, p. 44. — *Trochilus cyanotus*, Bourcier, Rev. zool., 1843, p. 101.

Cet oiseau mouche que nous a communiqué M. Longuemare, est curieux par la coloration noire du fond de son plumage.

(Pl. 12). — Adulte, il est long de 4 pouces 4 lignes, le bec entrant dans ces proportions pour 8 lignes. Les ailes sont aussi longues que la queue et celle-ci est large et rectiligne. Les tarses sont nus et noirs. Le bec droit et sans dentelures bien marquées sur ses mandibules est de la même couleur. Les ailes longues et étroites sont brunes pourprées. Tout le dessus du corps est brun fuligineux, mais cette teinte se nuance de jaune ocreux sur le croupion. La gorge a des écailles vert aigue marine, nuancées de bleu d'acier au menton et au rebord inférieur. Deux touffes de plumes amples, brillantes de reflets d'une riche violet métallisé, partent des oreilles et se dirigent sur les côtés du cou. Un trait blanc grisâtre part de l'angle du bec et encadre le plastron du gosier. Tout le dessous du corps est brun fuligineux, mais les flancs et les couvertures inférieures de la queue se teignent de rouge brun au sommet des plumes. Les rectrices sont en dessous gris enfumé luisant, marquées vers leur sommet d'une large barre noire, et leur pointe est grise. En dessous elles sont grises verdâtres luisantes, également largement barrées de brun et terminées de gris clair.

(Pl. 13). — Jeune. Il a ses ailes aussi longues que la queue ; recourbées, minces, d'un brun pourpré lustré. Le bec est noir effilé, droit. Le devant du cou est couvert de quelques écailles vertes, bordées sur les côtés et en dessous de quelques écailles bleues. Deux touffes azur assez larges s'élèvent sur les côtés du cou. Le thorax, le ventre et les flancs sont gris brun avec quelques plaques azur sur la ligne médiane. Les plumes du croupion et les couvertures supérieures sont de couleur de brique cerclées de noir. Les rectrices de teinte verdâtre bleu sont traversées par une large bande brune et leur terminaison, qui est arrondie, est liserée de vert.

L'individu du jeune âge nous a été communiqué par M. Bourcier de Lyon.

Cet oiseau provient de Caracas dans la république de Venezuela. M. Bourcier l'a
734.
décrit, par erreur, comme nouveau en 1843, dans le même recueil où il a été publié en 1839.

Race : les ESPADONS, *ensifera*, Lesson. Bec excessivement long, cylindrique ; queue fourchue ; ailes robustes.

(Pl. 14 et 15). Ois. m. espadon, *ornismya ensifera*, Boiss., Rev. zool., 1839, p. 354 : *trochilus derbianus*, Fraser, proceed., 1840, p. 16.

T. *Rostro recurvo, quoad longitudinem corpus cum capite æquiparante ; cauda mediocri, paululum furcata ; colore viridi, corpore subtus albido variegato ; gula nigrescente.*

long. tot. 8 unc., rostri, 3 3/8 ; alœ* 3 ; caudœ* 2 1/4
— 7 1/4 ; — 2 3/4 ; — 3 ; — 2.

Cet oiseau mouche par la longueur démesurée de son bec qui simule un long espadon, est une des espèces les plus curieuses que l'on puisse signaler. Il vit à Santa-Fé-de-Bogota, et nul doute qu'il n'atteigne sa nourriture dans les longues cloches des fleurs des bignonia.

(Pl. 14). — Le mâle adulte a 20 centimètres 5 millimètres de longueur totale, le bec entrant pour 10 centimètres dans ces dimensions. Ce bec est gigantesque, cylindrique ou légèrement comprimé sur les côtés, légèrement infléchi vers en haut et disproportionné avec la taille de l'oiseau. Son plumage est vert émeraude à reflets un peu cuivrés. Sa gorge est noirâtre ; les ailes sont grandes, noirâtres à reflets verts et violets sombres, atteignent aux deux tiers de la longueur de la queue. Celle-ci est fourchue, d'un vert sombre. Le bec est noir ; les pattes sont jaunes à ongles noirs : elles sont nues, et les ongles sont très longs, très crochus.

(Pl. 15). — La femelle est longue de 7 pouces 1 /2 et le bec seul y entre pour 3 pouces 4 lignes. Un vert brun peu luisant recouvre le crâne ; un vert doré brillant recouvre toutes les parties supérieures. La gorge et le devant du cou sont blanc* avec des larmes vert marron. Tout le dessous du corps est émaillé de gris blanc et de gouttelettes vert doré, plus serrées et d'un vert plus d'émeraude sur les côtés du corps et sur les flancs : les couvertures inférieures de la queue sont vert doré. La queue est peu fourchue, vert cuivré noir en dessus, vert bronze en dessous. Les pennes externes ont leur rebord extérieur gris.

Jeune mâle. Longueur du corps et de la queue 11 centimètres; du bec seul à partir du front 9 centimètres. Plumage semblable à celui de la *(sic)*.

Le bec long, recourbé vers en haut, est

terminé en pointe aiguë, comprimé sur les côtés, canaliculé en dessous, et strié sur les parois latérales.

Les ailes sont presque aussi longues que la queue. Elles sont fortes, robustes, à rachis épais et élargi. La queue est profondément fourchue. Les pennes alaires sont brun pourpré, et celles de la queue brunes.

Un vert doré brunâtre couvre la tête et s'étend en vert cuivré sur le cou, le dos, le croupion et les couvertures alaires, ainsi que sur les tectrices supérieures de la queue. Un plastron de plumes écailleuses d'un brun roux frangé de gris couvre le devant de la gorge. Le thorax, les flancs, le ventre sont d'un vert doré uniforme.

Les tarses sont courts, jaunes, à ongles noirs.

M. Boissonneau pensait que la femelle avait le bec plus court quand tout porte à

735.

croire que c'est le jeune mâle. A cela près leurs livrées sont parfaitement identiques.

R.-P. Lesson.

10e année.
Paris. — Dimanche, 22 octobre 1843. N° 32.

755. **ORNITHOLOGIE**

Complément à l'histoire naturelle des oiseaux-mouches ; *par* M. Lesson, *tom.* 4 *inédit.*

(Quatrième et dernier article.)

Race Anthrocorax. — (pl. 16). *Trochylus* ceciliæ**, Lesson, ill. de zool., 1832, pl. 63 ; revue zool., 1839, pl. 43 : *Orthorynchus estella*, D'Orbig ; Am. pl. 61, fig. 1 et syn. n° 31. La paz, Potosi. — (pl. 17). *Trochilus bromicolor*, Lesson. Bec fort recourbé, tête brune ; dos noirâtre avec des reflets d'un vert peu brillant ; plastron bleu azur, bordé d'écailles vertes, avec nuances de bronze sur les côtés du cou ; queue allongée, arrondie, à pennes moyennes bronzées, les latérales cuivre, terminées de bronze ; thorax et ventre noir séricéreux. Patrie ? — (pl. 18 et 19). *Trochilus nankina*, Lesson. Le *mâle*, pl. 18. La *femelle*, pl. 19 ; *Ornysmia** (1) *paradisea*, Boissonn., r. zool., 1840, p. 6, n° 11 ; *Trochilus flavicaudatus*,
756.
Fraser, procced., 1840, p. 18 ; *Jeune* en *plu-*

(1) Ce nom est écrit de cette façon jusqu'à la fin de l'article.

mage de première année, Trochilus Lafresnayi, Boiss., rev. 1840, p. 8, nº 16. Habit. Santa-Fe-de-Bogota*. — (pl. 20). *Trochilus leucurus*, Less., plumage d'adulte Bolivie. Race : GLAUCIS. (pl. 21.) *Trochilus fernandensis*, Klng*, proc. 1, 30. *Ornysmia* robinson*, Less., illust. 1832, pl. 65 ; *Or. cinnamomeus*, Gervais, Mag. de zool., 1835, pl. 43. Hab. île Juan Fernandez. — Race : PHAETORNIS. (pl. 22.) *Trochilus pretrei*, Les. et Delattre, rev. zool., 1839, p. 20. Habit. Brésil. — (pl. 23.) *Trochilus longirostris*, Delattre, Echo, n 45, 1843, nº 13. Hab. Guatimala*. — (pl. 24.) *Trochilus Adolphei*, Less. Bec allongé noir en dessus, blanc en dessous ; dos vert doré ; dessous du corps roux canelle ; une écharpe noir intense sur le thorax ; queue graduée ; pennes bordées de roux vif en dessous. Hab. Acapulco. Race : POLYTHMUS. — (pl. 25.) *Ornysmia* cephalatra*, Less., (femelle) : rev. zoolog., 1840, p. 73. Race : LESBIA. — (pl. 26 et 27.) *Ornysmia nuna*, Less., 1829 : *Trochilus Gouldii*, Lold., Proc. 1832, p. 7. Hab. Santa-Fe-de-Bogota. — (pl. 28.) *Ornysmia sylphe*, Lesson, rev. zool., 1840, p. 73. Hab. Santa-Fe-de-Bogota. Race : VESTIPEDES, Less. Bec grêle, droit ; ailes robustes ; queue ample à larges rectrices, très fourchue ; tarses couverts de plumes duveteuses. — (pl. 29 et 30.) *Ornysmia vestita*, Lesson., revue zool., 1838, p. 314, nº 5 ; ib. 1839, 18 ; Boissonn., rev. 1840, p. 8 ; *Trochilus Uro-*

pygialis, Fraser proceed., 1840. p. 15. Hab. Santa-Fe-de-Bogota. — (pl. 31.) *Ornysmia pennata*, Less. Bec et tarses noirs ; calotte bleu céleste ; occiput, dessus du col, dos vert noirâtre ; tout le dessous du corps, à partir du menton, vert émeraude très frais ; couvertures inférieures de la queue bleu céleste ; queue fourchue, bleu d'acier ; touffes soyeuses d'un blanc pur aux tarses. Hab. Santa-Fe-de-Bogota. — (pl. 32.) *Ornysmia maniculata*, Less. *Orn. vestita fœmina*, Long., rev. zool., 1838, p. 314 : *Trochilus cupreoventris*, Fraser proceed. 1840, p. 15 ? h. Santa-Fe-de-Bogota. — (pl. 33.) *Ornysmia glomata* Les. Bec et tarses noirs ; flocons blanc de neige aux tarses ; front cuivre rouge ; plumage vert doré, tirant au vert émeraude sur le col et le thorax. Les plumes du ventre et des flancs, cerclées de rousstrâe* ; bas-ventre chamois ; épaules et dedans des ailes rouge canelle ; queue fourchue, nankin en dessous avec le sommet des pennes noir. Hab. Santa-Fe-de-Bogota. Race : Cæligena. — (pl. 31.) L'oiseau mouche Rivoli, femelle : *Ornysmia rivolii*, Less., pl. 4, ois. m. — (pl. 35 et 36.). L'oiseau-mouche à collier, *Ornysmia torquata*, Boiss., revue zool., 1840, p. 6, nº 10 ; (pl. 35, le mâle ; pl. 36, la femelle.) Hab. Santa-Fe-de-Bogota. — (pl. 37.) L'ois. mouche helianthe : *Ornysmia helianthea*, Less., r. zool., 1838, p. 314. Hab. Santa-Fe-de-Bogota. — (pl. 38). L'ois. mouche à ventre doré : *Ornys-*

mia aurogaster, Less.; *Trochilus aurogaster*, Fraser, proceed., 1840, p. 16. Habit. Santa-Fe-de-Bogota. = (pl. 39.) L'oiseau mouche Bonaparte : *Ornysmia bonapartei*, Boiss., rev. zool., 1841, p. 177. Hab. Santa-Fe-de-Bogota. — (pl. 40.) L'oiseau mouc. prunelle : *Ornysmia prunelli*, Bourcier, r. zool., 1843, p. 70. Hab. Facativa (Colombie.) — (pl. 41 et 42.) L'ois. mouche angèle : *Ornysmia angela*, Less., illustr. pl. 45 et 46. Hab. la Plata. — (pl. 43 et 44.) L'ois. mouche Henry : *Ornysmia henrica*, Lesson et Delattre, rev. zool., 1839, p. 17. Hab. Guatepec. Race : MYCRORHYNQUES. *my-*

757.

chrorynchus. Bec droit, très court ; queue ample, fourchue, ailes robustes : tarses nus gosier brillant. — (pl. 45, 46 et 47.) L'ois. m. à queue anomale : *Ornysmia heteropogon*, Boiss., rev. zool., 1839, p. 355, nº 5 ; *Trochilus coruscus*, Fraser, proceed., 1840, p. 15. (pl. 46, le jeune : pl. 47, la femelle.) Hab. Santa-Fe-de-Bogota. — (pl. 48.) L'ois. mouche iris : *Ornysmia iris* Lesson : *Or. cupripennis*, Bourcier. ?? Bec brun ; dessus de la tête noirâtre ; dos noir ; croupion irisé ; col et dessous du corps marron ; thorax garni de plumes saillantes, écailleuses, blanches ; ailes brun pourpré, bordées de marron clair ; queue ample, échancrée, à pennes marron, terminées et bordées de vert doré ; tarses noirs. Habite Santa-Fe-de-Bogota. — (pl. 49.) L'oiseau mouche phœbe : *Ornysmia phœbe*, Lesson et Delattre, rev. zool., 1839, p. 17. Hab.: Andes du Pérou. — (pl. 50) L'oiseau mouc. de Rham : *Ornysmia rhami*, Less., revue zool., 1838, p. 315 et 1839, p. 13. Habit. Mexique. — (pl. 51, 52 et 53.) L'oiseau mouche parzudaki : *Ornysmia parzudaki*, Less., rev. zool. 1840, p. 72 ; *Trochilus exortis*, Fraser, proceed., 1840, p. 14. H. Colombie, Santa-Fe-de-Bogota. — (pl. 54.) L'ois. mouche à petit bec : *Ornysmia michroryncha*, Boiss., rev. zool., 1839, p. 354 et 1840, p. 73. Hab.: Santa-Fe-de-Bogota. Race : Les JACOBINES, *heliotrix*, Boié. — (pl. 55.) L'ois. mouche de Pouchet : *Ornysmia pouchetii*, Less., rev. zool., 1840, p. 72. Hab.: Cayenne ? Montevideo ? — (pl. 56.) L'ois. mouche de Barrot : *Ornysmia barrotii*, Bourcier, rev. zool., 1843, p. 72 ; *Orn. Gabriel*, Delattre, écho, 1843. H. Guatimala*, Carthagène. Race : Les GLAUCOPES, *Smaragdites*, Boié — (p. 57.) L'oiseau mouche de la Colombie : *Ornysmia colombica*, Bourcier, rev. zool., 1843, p. 2. Hab.: la Colombie. — pl. 58. L'oiseau-mouche de Ricord : *Ornysmia ricordii*, Gervais, mag. de zool., pl. 41 et 42 ; *Orthorhynchus ricordii*, d'Orbig., Cuba, pl. 21, f. 2. Hab.: San-Yago-de-Cuba. — (pl. 59.) L'ois. mouche de Félicité : *Ornysmia felicitiœ**, Lesson, rev. zool., 1810, p. 72. Hab.: San-Jose (Brésil). — (pl. 60) L'ois. mouche Canivet femelle : *Ornysmia* *canivetii*, rev. zool., 1839, p. 15. — (pl. 61). L'ois. mouche de Lesson : *Ornysmia lessonii*, Delattre, rev. zool., 1839, p. 15. Race : Les LUCIFER, *Calothorax*, Gray. — (pl. 62 à 64.) L'ois. mouche de Costa : *Ornysmia costoe**, Bourcier, rev. zool. 1839, p. 294, et 1840, p. 71 ; mém. de Lyon, ol.; voyage de la Vénus, pl. 2. (pl. 62, le mâle ; pl. 63, le jeune; pl. 64, la femelle. Hab. : la Californie. — (pl. 65.) L'ois. mouche Fanny : *Ornysmia fanny*, Lesson, ann. sc. nat., t. 9, p. 170, 1838 ; rev. zool., 1838, p. 314, et 1840, p. 2 ; le Labrador, Bourcier, mém. de Lyon ; *Orthorhynchus amethysticollis*, d'Orbig., syn. nº 24, pl. 60, fig. 2. Hab.: Bolivie. — pl. 66 et 67.) L'ois. mouche Eliza : *Ornysmia eliza*, Lesson et Delattre, rev. zool., 1839, p. 20. Hab.: le Mexique. — (pl. 63 et 69) L'ois. mouche de Jourdan : *Ornysmia jourdanii*, Bourcier, rev. zool., 1839, p. 295. Hab. l'île de la Trinité. — (pl. 70.) Le Vesper jeune : *Ornysmia vesper*, Less., rev. zool., 1838, p. 314, nº 3. — (pl. 71.) Le Zémès, jeune : *Or. zemes*, Less., rev. zool., 1838, p. 315 ; *Orn. rufula*, Delattre, écho. Race : Les EMERAUDES, *Glaucis*, Boié — (pl. 72.) L'ois. mouche vieillard : *Ornysmia senex*, Less., rev. zool., 1838, p. 315. Hab. : le Mexique. Race : Les AMAZILIS, *amazilia*,

758.

Less. — (pl. 73.) L'ois. mouche lumachelle : *Ornysmia lumachella*, Less. rev.

zool., p. 315. Hab. : Bahia. — (pl. 74.) L'ois. mouche beau : *Ornysmia eximia* Delattre, écho, 1843, Hab. : Guatimala*. — (pl. 75.) L'ois. mouche canelle* : *Ornysmia cinnamomea*, Less., rev. zoolog., 1842, p. 175 ; *Orn. rufula*, Delattre, écho, 1843. Hab. : Acapulco, Guatimala* .(pl. 76.) L'ois. m. Clarisse : *Ornysmia clarisse*, Longuemare, rev. zool., 1841, p. 306. H. Santa-Fe-de-Bogota. Race : Les Queues-Étroites, *Heliaclin*, Boié—(pl. 77.) La Cora femelle : *Ornysmia cora*. Less., Hab. : Lima. Race : Les Laticaudes, *Laticauda*, Less. Bec excessivement court et grêle ; queue ample, large, échancrée, à rectrices dilatées ; queue rouge ; menton émeraude. — (pl. 78 et 79.) L'ois. mouche de Pauline : *Ornysmia Pculinæ**, Boiss. rev. zool., 1839, p. 355. Hab. : Santa-Fe-de-Bogota. — (pl. 80 et 81.) L'ois. mouche thyrianthin : *Trochilus thyrianthinus*, Lodd. proceed., 1832, p. 6 ; *Ornysmia allardi*, Bourcier, rev. zool., 1839, p. 294 et 1840, p. 71 ; *T. thyrianthynus*, Fraser, proceed, 1840, p. 18. Hab. : Popayan, Santa Fe. Race : Les Rubis, *Calliphlox*, Boié. — (pl. 82 et 83.) L'Héliodore : *Ornysmia heliodor*, Bourcier, rev. zool., 1840, p. 275. Habit : Santa-Fe-de-Bogota. — (pl. 85 à 86.) L'Héloïse : *Ornysmia heloïsa*, Lesson et Delattre, rev. zool., 1839, p. 15. Hab. : Jalapa. Race : Les Saphirs. *Hylocaris*, Boié. — (pl. 87.) La Esmeralda ; *Ornysmia Es-*

meralda, Less., 1838. *Orn. poortmani*, Bourcier, rev. zool., 1843, p. 2. Hab. : Santa-Fe, Caraccas*. — (pl. 89, 89, et 90.) L'ois. mouche abeillé : *Ornysmia abeillei*, Less. et Delattre, rev. zool., 1839, p. 16 ; écho, nº 45, p. 1068 (1843). Hab. : Guatimala*. — (pl. 91.) Nid de l'oiseau mouche Audebert. — pl. 92.) L'ois. m. à épaulette : *Ornysmia epomophora*, Lesson. Bec court, droit, noir et blanc ; queue moyenne, échancrée, vert doré ; dessus de la tête, épaules, région anale blanc de neige ; plumage vert doré brillant. Patrie ? — (planc. 93.) L'ois. mouche neera : *Ornysmia neera*, Less., rev. zool., 1839, p. 18. Hab. : le Pérou. Race : Les Coquets, *Bellatrix*, Boié*. — (pl. 94 et 95.) L'ois. mouche de Delattre : *Ornysmia Delattri**, Less., rev. zool. 1839, p. 19. Hab. : la Colombie. (pl. 96 et 97. L'ois. mouche d'Hélène : *Ornysmia helenœ*, Delattre, écho, 1843, p. 991. Hab. Guatimala*.

[1844, 1er semestre]

11e année.

Jeudi, 1er Février 1844. N° 8

184. **ZOOLOGIE** (1)

Description de quatre espèces de psittacus de l'Amérique du Sud ; par M. R. P. Lesson.

Stylorhynchus erythrofrons, Less. — *Arara erythrofrons*, Less., *Rev. zool.* 1842; p. 210 (2).

Bec à mandibules fort inégales ; la supérieure longue, étroite, carenée terminée en pointe acérée et fort aiguë ; l'inférieure connexe et arrondie ; narines entièrement cachées par les plumes du front et non ouvertes dans la cire qui manque ; ailes alongées*, à rémiges étroites, lancéolées ; queue aiguë, pointue, composée de rectrices étroites et alongées* ; tarses courts, à doigt du milieu fort long. — Hab. Amérique mérid. et orient.

Le stylorhinque*, assez commun dans les alentours de Valdivia dans le Chili méridional, est remarquable par les caractères insolites qu'il présente, comme type de tribu. Son bec est couleur de

(1) J'ai laissé de côté la *Note sur la Mésange-moustache*, etc., 158, 28 janv. 1844.
(2) p. 135. (A. M).

corne brunâtre sâle ; ses tarses et les ongles qui arment les doigts sont noirs.

Un bandeau étroit, plus épais en avant des yeux, d'un pourpre noir, traverse le front et la région oculaire ; le corps entier coloré en vert, mais le vert du dessus est plus foncé que le vert du dessous, et des teintes rouille se manifestent sur le thorax et deviennent d'un rouge de sang sur le bas ventre et au pourtour de la région anale.

Les ailes sont vertes, excepté au coude, où apparaît une nuance bleue, et les pennes bleue-aigu*-marine en dehors et brunes en dedans.

La queue est d'un rouge de sang, plus foncé en dessus, plus clair en dessous ; les tiges des plumes sont brun lustré, et le sommet des pennes médianes est terminé de vert.

Ce perroquet mesure 35 centim. de long. totale, et la queue entre seule pour 17 cent. dans ces proportions. Il a été découvert par M. Adolphe Lesson.

Arara eburnirostrum, Less. — *Aratinga eburnirostrum*, Less., *Rev. zoolog.*, 1842, p. 10 (1). Cette gracieuse espèce de perroquet a été rapportée d'Acapulco (Mexique) par M. Adolphe Lesson. Elle mesure 21 c. de longueur totale.

Son bec est couleur de corne, marqué

(1) p. 135, sous le nom de *Psittacus* (*Aratinga*) *eburnirostrum*, Less. (A. M.).

de noir à la base de la mandibule inférieure. Le pourtour des yeux est nu ; le front et le devant de la tête sont d'un orangé velouté et suave, que relève un assez large bandeau bleu traversant tout le sinciput. La nuque, le dessus du cou, le dos, les épaules, le croupion et le des-

185.

sus des ailes sont d'un riche vert-pré. Le devant du corps, à partir du menton jusqu'au thorax est d'un jaune gris sale ; mais le ventre, le thorax, les flancs et les couvertures inférieures de la queue sont d'un vert tirant au jaune presque pur. — Les tarses et les ongles sont brunâtres. Les ailes ont leurs pennes vertes à la base et bleues dans le reste de leur étendue, mais au rebord interne le bleu fait place au noir.

La queue, assez alongée* et cunéiforme, est jaune clair en dessus et vert foncé en dessous. Toutefois, les pennes sont, à leur bord interne, nuancées de roux.

Caïca chrysopogon, Less. *Rev. zool.*, *p.* 210 (1). Ce petit perroquet a été tué aux alentours de San-Carlos (Centre-Amérique) par M. Adolphe Lesson. Sa taille est de 18 cent. au plus. Son bec est blanchâtre, et la cire où s'ouvrent les narines est aussi de cette couleur. Les tarses sont jaunes et les ongles noirâtres. Un vert bleuâtre co-

(1) p. 135 sous le nom de *Psittacus* (*Caïca*) *Chrysopogon*, Less. (A. M).

lore le dessus de la tête, le dos, le croupion. Un vert jaune et gai règne depuis le gosier jusqu'au thorax et se colore en vert bleuâtre sur le ventre et sur les flancs. Mais ce qui rend cet oiseau fort remarquable, est une touffe d'une couleur orangée fort vive qui règne sous le menton, et cette touffe est formée par quelques petites plumes agglomérées et vivement colorées.

Les couvertures des ailes sont vert mordoré ou vert roux ; les moyennes sont vert jaune clair. Les épaules ont un rebord jaune soufre, et c'est aussi la coloration de l'intérieur de l'aile. Les rémiges sont vert bleu, à tiges lustrées et noires. La queue, courte et aiguë, est formée par des rectrices, les moyennes vert pré, les latérales frangées de jaune en dedans. Les couvertures inférieures sont de ce même vert jaune du thorax et des côtés.

*Amazona auropalliiulus**, Less. *Rev. zool.* 1842, p. 210 (1). Ce beau perroquet habite la république du Centre-Amérique, proche Realejo, c'est du moins là qu'il a été tué par M. Adolphe Lesson, médecin de la marine. Il mesure de longueur totale 36 centimètres.

Son bec fort et gros est brun, excepté sur les côtés où il est couleur de corne. La cire est poilue et noire ; les narines

(1) p. 135, *Psittacus* (*amazona*) *auro-palliatus*, Less. (A. M.).

rondes et largement ouvertes ; les tarses sont courts, gros et très rugueux ; ils sont noirs, ainsi que les ongles.

Comme tous les perroquets de la tribu des Amazones, celui à manteau doré a le plumage vert, mais ce vert varie suivant les régions. Le dessus de la tête, la nuque, les joues sont d'un vert glaucescent bleuâtre léger, séparé du vert foncé du manteau, des ailes et du dos par une écharpe d'un riche jaune d'or, prenant des épaules et traversant le bas du cou. Les couvertures supérieures de la queue sont d'un vert jaune vif. Tout le dessous du corps est d'un vert jaunâtre, lavé de rose par places. Les ailes sont vert foncé, mais les rémiges, vertes à leur naissance, sont bleues à leur terminaison. Un large miroir rouge de sang occupe le milieu de l'aile et appartient à la coloration des rémiges secondaires. La queue est légèrement arrondie, colorée en vert devenant jaune très frais à l'extrémité. La base des rectrices surtout en dedans, est d'un rouge de sang très éclatant.

11e année.

Jeudi, 4 Avril 1844. No 26

616. ORNITHOLOGIE (1)

Sur un nouveau genre d'oiseau échassier propre à l'Amérique méridionale; par M. R. P. Lesson.

Genre : Dromicus, Lesson.

Bec grêle, aussi long que la tête, recourbé, finissant en pointe aiguë, légèrement renflé en dessus et au milieu ; mandibules étroites, minces, atténuées ; toutes les deux parcourues sur le côté par un sillon creusé dans les quatre cinquièmes de leur longueur. Narines en scissure étroite sous le sillon. Ailes longues, aiguës, at-
617.
teignant l'extrémité de la queue. La première rémige la plus longue ; la deuxième et les suivantes graduellement plus courtes.

Tarses longs, grêles, à demis* nus, garnis d'écailles aréolées. Pieds tridactyles, le pouce manquant complètement, les trois doigts antérieurs inégaux, tous recouverts de scutelles rangées régulièrement.

Ongles latéraux très petits, recourbés, creusés en dessous ; le médian élargi, renflé, dentelé sur le bord externe.

(1) [Tous les articles suivants sont sous ce titre général. (A. M.)]

Queue courte, conique, formée de douze pennes, légèrement étagées.

Observations. L'oiseau qui sert de type à ce nouveau genre est des plus intéressants par les anomalies d'organisation qu'il présente. Par le bec c'est un *numenius*, mais ce bec est grêle et graduellement aminci à l'extrémité, et ne ressemble point à cet organe chez les oiseaux de la famille des *tringa*. Par ses tarses, c'est une outarde, et en effet, la forme des jambes, celle des écailles, des doigts, des ongles et du talon, est tout à fait celle des *otis* de petite taille. Par la coupe des ailes, c'est tout à fait un oiseau voisin des *cursorius*, dont notre type a aussi le port, et la coloration du plumage. Le *dromicus* est donc le véritable représentant dans l'Amérique méridionale et dans les terrains nus et stériles du Chili des *cursorius* qui ne se trouvent que dans l'ancien continent.

Je regrette de n'avoir pu comparer ce ravissant et curieux oiseau avec l'*oreophilus totanirostris* de Gould, genre fort peu connu, et dont on ne trouve l'indication nulle part dans les ouvrages français.

La seule espèce du genre quant à présent, est le *dromicus lessonii* ; N. du nom de M. Adolphe Lesson, chirurgien en chef des îles Marquises, qui l'a tuée aux alentours de Valparaiso. C'est un oiseau long de 29 centimètres et le bec entre dans ces proportions pour 3 centimètres et demi.

Les tarses mesurent 9 centimètres à partir de la portion dénudée de la jambe jusqu'au bout des ongles.

Le dessus de la tête est gris-brunâtre, excepté le front qui est roux. Le dos est également gris-brun. Le manteau, le milieu du dos, les épaules sont variées de flammèches, noires, bordées de roux et de jaune mordoré. Les tectrices supérieures sont blondes.

Le gosier est blanchâtre. Tout le devant du cou est d'un ferrugineux clair ou rouille, s'étendant sur les côtés du cou et jusqu'au milieu. Le thorax, les épaules sont gris; légèrement ondé de jaune-clair sur le rebord des plumes. Le ventre et les flancs sont jaune-rouille. Une large plaque d'un noir très profond occupe le milieu du ventre. La région anale est blanche ; les couvertures inférieures sont blondes.

Les rémiges ont leur baguette blanche, et les barbes sont noires, et puis blanches au sommet de celles intérieures. Les pennes caudales sont gris de perle, barrées de noir vers l'extrémité, et celle-ci est gris clair.

Le bec est noir et les tarses sont jaunes. Cet oiseau se tient dans les lieux rocailleux et dénudés des environs de Valparaiso.

Lesson.

617.

Recherche sur la place que doit occuper le genre psittacirostra, Temm. dans les méthodes ornithologiques, par M. Lesson.

Ayant à examiner deux individus, mâle et femelle, de la seule espèce du genre psit-
618.
tacin, tués aux îles Sandwich par mon frère, M. Adolphe Lesson, chirurgien en chef des îles Marquises, j'ai voulu me rendre compte de la vraie place que doit occuper le *psittacin* ictérocéphale* dans la série naturelle des genres.

Cook le premier a mentionné cet oiseau sous le nom de perroquet (3e voy.), et Latham l'a décrit sous celui de *loxia psittacea.* Voici sa phrase diagnostique : « Oli- » vaceo fusca ; capite colloque flavis ; man- » dibula superior adunca, inferior sub- » truncata. 7 poll. Longa. fœm. caput et » collum corpori concolor, pauco griseo » varium. Hab. insulæ Sandwicenses. » Latham en a aussi donné une figure, pl. 42 de son *Synopsis.*

Or, pour Latham, le psittacin est un loxia voisin des becs-croisés, et pour Vieillot, un *dur-bec* ou *strobiliphaga.* On trouve en effet, dans l'Encyclopédie (p. 1021), le psittacin décrit sous le nom de *strobiliphaga psittacea,* et à la pl. 144, f. 3, deux médiocres figures sous le nom de *bec-de-perroquet.*

En 1820, Temminck proposa le genre *psittacirostra*, qu'il décrivit dans son analyse d'un système général d'ornithologie, en le classant dans son ordre IV des granivores, entre les genres *loxia* et *pyrrhula.* Il admettait deux espèces et la seconde était créée aux dépens de l'individu femelle, dont la coloration s'éloigne assez de celle du mâle.

Dans le texte de la planche coloriée n° 457, M. Temminck donne une bonne figure de l'individu mâle et décrit dans le texte les deux sexes.

Dans mon traité d'ornithologie, le genre psittacirostra est placé après le genre *corythus* de Cuvier, ou *strobiliphaga* de Vieillot, et avant les colious. Gray maintient, dans son livre *The list of the genera*, ce même genre dans la sous-famille de *loxinæ**, entre les loxia ou bec-croisés et les *paradoxornis* de Gould.

Nitzsch paraît avoir donné à ce genre le nom de *psittacopis* avant 1830.

De tout ceci, il résulte que les auteurs cités ont tous été frappés de la ressemblance de forme du bec des psittacirostres avec celle de certaines petites tribus de perroquets.

Par son bec, en effet, le psittacin est plutôt, en apparence, un perroquet qu'un oiseau de la grande famille des moineaux ;

par ses ailes, sa queue et ses tarses, il se rapproche des dur-becs* ; par sa nourriture, qui consiste en fruits butyreux et en baies succulentes, il s'éloigne de ces derniers ; par la coloration de son plumage, avec des différences de livrée dans les deux sexes, il tient des *corythus* et des *pyrrhula.*

Son bec a la forme de celui des corythus ; mais il a, comme le bec des perroquets du groupe des Vinis (Lesson, 1830), ou *coryphilus* (Gould, 1837), les narines nues et percées dans une membrane, la voûte du demi-bec supérieur convexe, le bord entier, la pointe crochue, la mandibule inférieure voûtée et bombée, et l'écartement des branches nu sur le pourtour. La substance cornée est peu résistante et s'éloigne de celle des dur-becs.

Les ailes dépassent le croupion. Leurs remiges* sont espacées de manière que la troisième dépasse la deuxième et la première. Cette forme est celle de l'aile des petits perroquets ; mais, chez ceux-ci, c'est la deuxième rémige qui est la plus longue. Le psittacin a donc l'aile d'un dur-bec. Dans

619.

les phytotomes et quelques autres genres, la première rémige est brève. La queue, fort courte, échancrée, a douze pennes très molles ; c'est la queue d'un bouvreuil et des genres coccothranstes*, pitylus et corythus, mais avec moins de longueur.

Les tarses, à scutelles minces et larges,

plus longs que le doigt du milieu, ont le pouce robuste et les trois doigts antérieurs grêles. Ces tarses sont absolument ceux des dur-becs, des loxies et des bouvreuils. Les ongles recourbés, comprimés et creusés en dessous, sont ceux des pitytes* et autres fringillacées.

Les plumes, par la nature de leur coloration, se rapprochent plus du système de plumage des *corythus* que de toute autre tribu. Les deux sexes, dans les dur-becs, ont en effet une coloration différente, et la femelle a le plumage vert quand celui du mâle est rouge.

De cet examen comparatif, il résulte que le genre *psittacirostra* est un bon genre et qu'il doit être conservé, que la place qu'on lui assigne est bien celle qu'il doit occuper et que, malgré quelques anomalies, c'est près des dur-becs ou *strobiliphaga* qu'on doit le classer, car il en a tous les caractères généraux, bien qu'il ait aussi beaucoup d'analogie avec certains bouvreuils. On doit donc le distraire des *loxiidæ** de Gray et le reporter dans la tribu des *pyrrhulæ**, entre les genres *corythus* (Cuv.), et *callyrhynchus* (Lesson), ou plutôt en faire le type d'une petite famille à part, qui comprendrait les dur-becs et les callyrhynques.

R-P. Lesson.

11e année.

Dimanche, 14 Avril 1844. N° 29

686.

Description d'une nouvelle espèce de gallinacée; par M. Lesson.

Le colin à menton blanc, ortyx *leucopogon*, Less., *Rev. zool.* 1842, p. 175.

Fronte gulaque albidis ; crista parva, grisea ; corpore griseo, rufo vermiculato supra ; alis variegatis ; collari antici, rufo ; pectore, abdomine, lateribusque rufis, cum guttis albis nigrocinatis ; pedibus et rostro nigris : hab. San-Carlos.

Les colins rappellent en Amérique les cailles qu'on ne trouve que dans l'Ancien-Monde et dans l'Australie. On les a divisés dans ces derniers temps en trois petits groupes : les *ortyx*, *lophortyx* et *callipepla*, auxquels nous avons ajouté, dans notre sp. ms., celui des *colinus*, dont le type est l'*ortyx massena*, remarquable par ses ongles très développés.

Les *ortyx* (Stephens) ont 8 espèces ; les *lophortyx* (Bp.), 10 espèces ; les *callipepla* (Wagler) 1, et les *colinus* (Lesson) 3, ce qui porte à 22 le nombre total des colins décrits.

Le colin à menton blanc appartient à la tribu des *lophortyx*, bien que sa huppe soit peu développée. C'est un oiseau de la forme et de la taille et* de la caille d'Europe. Son bec est gros, bombé et plus élevé que chez quelques autres espèces. Il est d'un noir profond ; ses tarses sont robustes, garnis de larges scutelles et d'un brun noir. Les ongles sont peu prononcés ; les ailes dépassent à peine le croupion et ont leurs rémiges étalées, de manière que les quatrième et cinquième sont les plus longues ; elles sont aussi plus larges que les première, deuxième et troisième qui sont rétrécies, surtout la première.

Le pourtour des yeux est nu, et les narines sont percées sous une écaille voûtée, proéminente, qui les recouvre.

Le plumage de cette espèce est épais, abondant et soyeux. Deux ou trois plumes élargies sont implantées sur le vertex. La queue est allongée, conique et formée de rectrices molles, étagées et réunies en faisceau, forme que la plupart des lophortyx ne présentent pas, et qui rapproche notre espèce des vrais ortyx.

Le front est blanchâtre, le bas des joues, le menton et le devant du cou sont également blanchâtres. Les plumes de la huppe sont de nuance rouille ; le dessus du cou et du dos est vermiculé de légères ondulations rousses sur un fond gris. Une sorte de collier tabac d'Espagne occupe le devant et le bas du cou.

Le thorax, les flancs, le bas-ventre sont couverts de larmes ou de gouttes blanches relevées par une bordure noire sur un fond tabac d'Espagne. Le dessus des ailes, le dos, le croupion et les couvertures supé-

687.

rieures sont nuancées de gris vermiculé de roux du plus agréable effet ; mais sur les ailes se dessinent de petites plaques noires avec des traits roux cannelle et des lignes ou des points blancs.

Les pennes alaires sont uniformément roux brunâtre clair. Celles de la queue sont brunes tiquetées de gris clair en dessus et par linéoles légères.

Cet oiseau a été tué aux alentours de San-Carlos dans la république du Centre-Amérique, par mon frère, alors chirurgien-major du brick de guerre le *Pylade*. Je ne possède aucun détail sur ses mœurs, qui doivent être celles des autres colins

L'individu type a été déposé au Muséum. Il en a été de même du rare oiseau décrit précédemment sous le nom de *dromicus Lessonii*. Voy. *Echo*, p. [616].

11e année.

Dimanche, 19 Mai 1844. N° 39

925.

Note descriptive sur un Engoulevent nouveau;
par M. R.-P. Lesson.

L'engoulevent à petit bec, *caprimulgus exilis*, Lesson, *Rev. zool.*, 1839, p. 44.

Le genre engoulevent a été divisé dans ces derniers temps par les naturalistes anglais, en une foule de petits genres qu'il est impossible de conserver comme genres, mais qui peuvent servir à une bonne étude du groupe étant admis comme section*. Ces tribus sont les suivantes :

1. Antrostomus, 1 esp., Amérique N. 2. Eurostopodus, 2 esp., Australie. 3. Lyncornis, 1 esp. ? 4. Nyctidromus, 1 esp. ? 5. Chordeiles, 2 esp., Amér. N. 6. Caprimulgus, 38 esp., cosmopolite. 7. Microrynchos, 1 esp., Pérou (Am. équat.). 8. Eneapripodus, 2 esp., Amér. équat. pacif. 9, Tetrura, 1 esp., Amér. équat. atlant. 10. Creapyga, 1 esp., Afriq. australe. 11. Amblypterus, 1 esp., Amér. équat. atl. 12. Hydropsalis, 2 esp., Amér. équat. atl. 13. Scotornis, 2 esp., Afriq. occid. 14. Podager, 1 esp., Amér. S. 15. Semeïophorus,

926.

1 esp., ? 16. Macrodipleryx*, 1 esp., Afriq. occid. et N.

L'engoulevent à petit bec est le type de la 7e tribu, celle des microrhynques. C'est en effet par son bec excessivement petit que cette espèce se distingue. Ce bec, à peine apparent, est lisse sur les bords, et n'a que des soies fort courtes sur les narines. Les tarses sont grêles, courts, emplumés jusqu'aux doigts. Celui du milieu est comme chez la plupart des espèces le plus long et a son ongle dentelé en peigne sur le rebord. Les ailes sont aussi longues que la queue et celle-ci est légèrement échancrée au sommet.

Le plumage de cet engoulevent est en dessus d'un gris glacé, varié de traits noirs veloutés de linéoles légères, de petites taches blanchâtres nuancées de rouille. Les épaules sont bordées, soit de blanc, soit de rouille suivant les sexes.

Une large plaque blanche occupe tout le devant du cou et s'étend depuis le menton jusqu'au haut du thorax. La poitrine, le ventre, sont rayés de gris, de blanc et le bas-ventre a du roussâtre clair. Les couvertures inférieures de la queue sont de nuance rouille uniforme. Les pennes alaires sont brunes, largement barrées de blanc au milieu.

Les pennes caudales sont brunes, vermiculées et linéolées de blanc à leur naissance, marquées de demi-taches en dedans, mais surtout coupées par une large raie d'un blanc pur vers leur sommet.

Le bec est noir et les tarses sont noirâtres.

Cet oiseau habite le Pérou (1). Il mesure 19 centimètres de longueur totale.

J'en ai eu plusieurs individus, tous tués par mon frère aux alentours de Callao, non loin de Lima.

(1) C'est une rectification de l'habitat (Chili) indiqué in *Rev. zool.*, 1839, p. 45. (A. M.)

11e année.

Dimanche, 26 Mai 1844. N° 41.

969. SCIENCES NATURELLES

*Notice sur l'apterix**; par M. R. P. Lesson.

Apteryx australis, griseo ferruginea; rostro pedibusque fusco-flavescentibus, Shaw.

La Nouvelle-Zélande possède deux oiseaux des plus remarquables et des plus curieux, l'un aujourd'hui parfaitement connu par de beaux individus et par des travaux de savants du premier ordre. L'autre qui reste à découvrir, et qu'on ne connaît que par des débris. Le premier est l'apteryx austral, et le second est l'oiseau de Mowie, dont M. Owen a formé son genre Dinornis (*Ann. and. mag.* t. XII, p. 444), en donnant à l'espèce type le nom de *Dinornis novæ Zelandiæ.*

Il ne s'agira ici que de l'*apteryx austral*, et plus particulièrement de la place que doit occuper cet oiseau dans une classification ornithologique naturelle.

1° *Historique.* — Le capitaine Barcley, commandant le vaisseau la Providence, se procura pendant une relâche à la Nouvelle-Zélande un oiseau de forme insolite qu'il rapporta à Londres. Latham, dans un supplément anglais à son index, le décrivit superficiellement sous le nom d'*apterous penguin.* Mais c'est à Shaw, que l'on doit les premières figures et une bonne description de ce singulier oiseau, pour lequel il créa le genre *apteryx* (sans ailes), en donnant à l'espèce le nom d'*apteryx australis.* C'est en 1812, dans le tome 24 des *naturalist's Miscellany*, qu'on trouve deux planches assez bonnes de ces oiseaux, portant les n°s 1057 et 1058. Dans la volumineuse compilation de cet auteur, d'ordinaire peu difficile sur les matériaux qu'il employait, le travail sur l'apteryx est peut-être ce qu'il a fait de mieux, et cependant telle a été la défiance à cet égard, que l'apteryx figuré par Shaw, n'a été pendant plus de 22 ans cité nulle part. L'apteryx, pour beaucoup de savants, était un oiseau fabuleux, ou du moins un être dont on suspectait l'authenticité, et que l'on pensait avoir été formé de toute pièce. Je crois pouvoir m'attribuer la plus grande influence sur l'attention apportée sur l'apteryx, dans ces dix dernières années.

Mais revenons au travail de Shaw. Ce zoologiste, en créant très judicieusement le genre *apteryx*, lui donne les caractères

970.

suivants : « un bec long, grèle*, très droit, recouvert à la base par une sorte de cire ; une rainure tubuleuse en occupe toute la longueur sur chaque côté, et la pointe de cet organe se renfle à son extrémité en se recourbant légèrement. Les narines ont leur ouverture linéaire et peu apparente, et sont basales. Les ailes, à l'état rudimentaire, sont terminées par un ongle recourbé et garnies de quelques plumes décomposées. Les pieds sont courts, épais, analogues à ceux des gallinacées, couverts de scutelles en avant et sur les doigts, qui sont au nombre de quatre, entièrement libres et munis d'ongles acérés. Le pouce est très court ; la queue manque complètement. »

Telle est la caractéristique de ce genre, tracée par Shaw, et cependant malgré la précision et la netteté de ces caractères, accompagnés de dessins assez exacts, Cuvier, dans la 1re édition du règne animal, ne classe pas l'apteryx. Temminck, seul, dans son essai d'une classification des oiseaux, publiée en 1820, admet le genre apteryx, et le range avec le dronte dans son ordre XVI, celui des *inertes*. La place assignée par l'ornithologiste hollandais paraît très logique, et l'on ne peut se dissimuler que cet ordre des *inertes*, rejeté à la fin de la série ornithologique après les palmipèdes, et comme chaînon avec les manchots, ne soit fondé sur de bonnes idées. Temminck ajoute : « Je n'ai trouvé à « placer convenablement les apteryx et les « drontes, qu'en les associant en quelque « sorte avec les sphénisques et les apteno- « dytes, sans égards à leurs doigts divi-

« sés, par lesquels ils se rapprochent des « coureurs. »

Il n'est pas question de ce genre dans les écrits de Vieillot et sa méthode publiée en 1816, en une brochure séparée de 70 pages, n'en parle pas. Il en est de même dans ceux du prince Bonaparte, et dans son *Prospetto del systema generale di Ornitologia*, qui porte la date de 1834, il n'en fait nulle mention.

Pour la première fois en France, il a été question de l'apteryx austral, que l'on trouve décrit au tome 2, p. 210, de notre Manuel d'Ornithologie, publié en 1828, sous le nom d'EMOU KIVI-KIVI, *dromiccius Novæ-Zelandiæ*, Lesson. Dans cet ouvrage, nous avons parlé (p. 211), de l'apteryx d'une manière fort erronée, mais l'espèce que nous pensions être nouvelle d'émou, est décrite d'après des notes que nous avions prises dans la Nouvelle-Zélande même, sur une peau mutilée, privée de tête, de pattes et d'ailes, qui servait de manteau à un chef zélandais. Les naturels, disons-nous, aiment la chair de cet émou, qu'ils nomment kivi-kivi, et qu'ils chassent avec des chiens. Puis dans le texte du Voyage de la Coquille (in-4°, t. 1, p. 418), publié en 1829, nous disons « Les « naturels nous parlèrent fort souvent « d'un oiseau sans ailes, dont ils apportè- « rent des débris, qui nous parurent être « ceux d'un émiou, M. Kendall nous con-

« firma cette pensée, en nous affir-
« mant l'existence de casoars, analogues
« à ceux de l'Australie dans les bois de la
« Nouvelle-Zélande. Nous ne doutons point
« aujourd'dui que ce ne soit l'apteryx. »

Dès le commencement de l'année 1829, nous publiâmes le tome VI de notre complément à Buffon, et dans ce volume (page 525), se trouve le travail entier de Shaw, et la copie qu'il avait donné* de l'apteryx.

971.

Dans cette reproduction nous insistâmes sur la nécessité pour les voyageurs d'étudier de nouveau cet oiseau, et de l'apporter en Europe, pour qu'il soit possible de l'examiner dans les collections publiques.

Cuvier, en publiant la 2e édition du règne animal, en octobre 1829, ne pouvait plus passer sous silence l'apteryx. Toutefois, ce n'est qu'en note (t. 1, p. 498), qu'il lui consacre quelques lignes entièrement empruntées à Shaw, et comme il en parle après avoir traité des *brévipennes*, dans l'ordre des *échassiers* ou *grallœ,* on doit penser que pour lui, cet oiseau doit être classé à côté des casoars.

Tous ces doutes, en mettant en lumière la description de Shaw, portèrent le comte de Stanley, possesseur de l'individu décrit, et peint par Shaw, à le présenter en 1833 à la société zoologique de Londres. Yarrell (Proceed., 1833, p. 24) ajouta de nouveaux détails et en publia une bonne figure nouvelle. Yarrell dit : « *Doubts having been expressed by some continental writers*, etc. » Plus tard (Proc. 1833, p. 80), Yarrell joignit quelques nouvelles notions à celles qu'il avait données (Trans., 1, pl. 10).

L'attention des voyageurs, éveillée sur ce sujet, les porta à se procurer ce rarissime oiseau. Plusieurs individus bien conservés arrivèrent à Londres, et le Muséum de Paris a reçu deux magnifiques individus que le capitaine Dumont d'Urville se procura à la Nouvelle-Zélande et qui ne sont pas un des moins précieux ornements des riches galeries du Jardin du roi.

De nombreux travaux vinrent chaque année ajouter des faits précis et nouveaux à ceux précédemment connus. Ainsi, en 1835, M. Mac-Leay (Proc. 1835, 61) transmit à la société zoologique de Londres deux peaux d'apteryx et des renseignements fournis par le missionnaire Yate. En 1836, Thomas Short donna sur les mœurs de cet oiseau quelques renseignements utiles (Proc., 1837, 24) En 1837, Swainson (Gen., t. 2, p. 346) se borna à changer le nom d'apteryx en celui d'aptornyx et plaça cet oiseau à côté des émous.

En 1838, M. Owen publia des détails anatomiques importants sur l'apteryx. Il l'étudia dans son aspect extérieur, ses appareils et son squelette (Proceed, 1838, p. 48, 71, 105).

En 1839, la société zoologique de Londres reçut des peaux avec notes de M. Cunningham, botaniste anglais célèbre, et pour la première fois on eut sur les habitudes de l'apteryx des renseignements nombreux et satisfaisants.

Enfin, en 1842, le professeur Owen compléta son premier travail par une étude complète de la myologie de cet oiseau (Proceed., 1842, p. 22).

Aujourd'hui, l'apteryx est bien connu, et cependant, tout n'est pas dit sur la place que doit occuper cet oiseau anomal. Aux figures de Shaw, reproduites par nous, ont succédé de bonnes figures. Dans le *Voyage au Pôle* de d'Urville, les pl. 24 et 25 de l'atlas sont consacrées à l'apterix. La pl. 1 du supplément au *Dictionnaire des sciences naturelles* accompagne un mémoire de M. Paul Gervais (Suppl., t. 1, p. 293) reproduisant en grande partie un article anglais copié dans l'*Echo du Monde savant* (nº 518, 22 fév. 1840, p. 116).

M. Lafrenaie a publié un bon article sur l'apteryx dans le *Dict. univ. d'hist. nat.* (t. 2, p. 44). Notre notice est destinée elle-même à accompagner un vélin original

972.

peint par M. Prêtre sur un des individus les mieux conservés du Muséum, Il n'est pas jusqu'au *Magasin pittoresque* (1842, nº 50, p. 303) qui n'ait donné une bonne figure d'après Werner, gravée sur bois, de l'oiseau qui nous occupe, en reproduisant dans le texte les renseignements de Cunningham.

J'ai reproduit tous les titres des divers écrits sur l'apteryx qui sont parvenus à ma connaissance. C'est que les compilateurs oublient trop facilement les écrits de leurs devanciers et qu'ils s'approprient sans façon, aux yeux du public, les idées émises par leurs prédécesseurs.

11e année.

Paris. — Dimanche 2 Juin 1844. N° 43

1020. ORNITHOLOGIE

Notice sur l'apteryx * par M. R. P. Lesson.

(2e article)

2° *Discussion sur la place que doit occuper l'aptéryx dans la série des oiseaux.*

Si l'on se bornait à des aperçus sommaires nous dirions avec la plupart des écrivains que l'aptéryx joint au bec d'un échassier (*ibis* ou *bécasse*) les tarses d'un gallinacée, le port d'un emou *, la nature et la coloration des plumes de celui de la Nouvelle-Hollande ; mais rien de cela n'est vrai. Les différences de ces divers organes ou appareils avec ceux avec lesquels on les a comparés est des plus grandes. L'aptéryx s'éloigne de tous les autres oiseaux autant et plus peut-être que l'ornithorhynque et l'échidné ne s'éloignent des autres mammifères. C'est même le représentant le plus réel de l'échidné sur le patron duquel il semble avoir été modelé pour le représenter pnrmi* les oiseaux. Son bec, ses tarses, ses plumes même sont organisés d'après une loi d'évolution qui semble identique et ses mœurs viennent corroborer cette analogie éloignée.

Par son squelette, par certains de ses muscles, par ses divers organes tels que le bec, les yeux, les tarses, l'aptéryx est un oiseau à part, placé sur les confins des oiseaux et des mammifères. M. Temminck avait montré une grande sagacité en l'éloignant des autruches et des casoars auxquels on persiste à l'associer en créant pour lui et pour le dronte la famille des *inerles*, qu'il rejette à la fin de sa liste des oiseaux. Yarrel, Gray, en rangeant l'aptéryx dans la famille des *struthionidœ* de l'ordre des cursores, se sont fondés sur des analogies générales mais non sur un examen détaillé.

1021.

Ils placent dans ce même ordre les outardes, et en vérité il y a plus de différences organiques entre ces divers oiseaux qu'il n'y en a entre les mammifères monodelphes et les marsupiaux. Cuvier en établissant sa famille des brévipennes dans son 5e ordre, ou celui des oiseaux de rivages, n'a pu commettre une telle erreur, qu'en se fondant sur un caractère secondaire, la nudité du bas de la jambe. Or, l'aptéryx échappe à ce caractère de peu d'importance d'ailleurs et qui appartient à bien des oiseaux placés parmi les accipitres ou parmi les gallinacées.

En 1829 ; parut la 1re livraison de mon *Traité d'Ornithologie* et pour la première fois furent émises des idées que je regarde comme fondamentales pour l'ornithologie philosophique, c'est la distinction des oiseaux normaux en ceux qui tiennent autant de l'organisation des vrais mammifères que des oiseaux, ou les *anormaux*. Le squelette et divers appareils des autruches, casoars, placent entr'eux et les outardes qu'on persiste à leur associer un immense intervalle. L'aptéryx ajoute encore une nouvelle lacune, et tôt ou tard il faudra en venir à séparer en deux ordres des êtres aussi distinctement crées sur un type de transition. Dans mon traité les oiseaux anomaux* comprennent les *brévipennes* de Cuvier ou les genres *struthio*, L. ; *rhea*, Brisson ; *casuarius*, Briss. ; et *dromaïus*, Vieillot, et ce que j'appelle les *nullipennes* n'ayant que le genre *aptéryx*.

Aujourd'hui l'aptéryx doit, d'après tout ce que nous en connaissons, être placé beaucoup plus près des mammifères que les autruches et les casoars ou elmous*, et nous allons successivement en développer les raisons.

Le squelette de l'aptéryx a été parfaitement figuré dans la planche 25 du *Voyage au Pôle de d'Urville*, et M. Owen en a donné une description complète (*Proceed.* 1835, p. 105). Or, les traits les plus saillants de cette partie fondamentale de l'organisme sont : la compacité des os, opposée aux perforations et à la pneumaticité de ceux des oiseaux, la largeur des côtes, et celle des fausses côtes articulées avec le sternum, des clavicules courtes et élargies, une série d'apophyses épineuses soudées, un sacrum alongé*, des os des îles développés en demi-bassin, en un mot, des os tenant plus de ceux des mammifères que des oiseaux. Le sternum surtout est remarquable par l'absence absolue de toute trace de bréchet, par une sorte d'appendice xyphoïde conique et libre, et par deux prolongements latéraux formant entre la partie médiane et les deux latérales, deux profondes échancrures. Le squelette de l'autruche, qui semble le plus rapproché de celui de l'aptéryx est loin de présenter une conformation zoologique aussi franchement rapprochée de celle des mammifères. Le sternum de l'autruche (Lherminier, *Rech.*, pl. 1, f, 2) est très convexe, en dessus, ses prolongements latéraux inférieurs sont simplement coniques. Il a des tubercules sur la ligne du bréchet. Chez les casoars cette ligne existe. Son bord supérieur est convexe, tandis qu'il est concave dans l'aptéryx. Les côtes, les apophyses épineuses sont plus celles des vrais mammifères que de l'autruche et des autres oiseaux anormaux. Les os des extrémités inférieures présentent les mêmes différences. Ici nous ne partageons pas les vues de M. Owen, qui pense que l'aptéryx

1022.

est par son squelette *connected closely with the struthious group.* Certes il se rapproche plus de celui de ces demi-oiseaux plus que des oiseaux vrais, mais il s'en éloigne encore beaucoup, et doit avoir une place à part. (Voyez *squelette d'autruche*, Daudin, t. 1, pl. 6.)

La myologie de l'aptéryx a été faite par M. Owen avec la sagacité qui caractérise ses travaux (*Proceed.*, 1842, p. 23). Les muscles n'étant que l'expression relative des organes dont ils sont les moteurs, doivent varier suivant les causes finales pour lesquelles les oiseaux semblent avoir été créés. De là de nombreuses différences suivant les ordres, les muscles du système locomoteur, doivent donc offrir des variations relatives dans chaque groupe de grimpeurs, de marcheurs, de grands voiliers, etc., etc., etc.

L'aptéryx fixé sur la surface du sol, et n'ayant pas de bras faits pour le vol, les jambes ont dû concentrer toute la puissance musculaire, à l'effet de produire une plus grande somme d'action. Les anomalies des muscles des appareils n'ont donc rien que de rationnel et n'explique* les formes du type spécifique, toutefois on remarque un grand développement des peauciers ou de l'enveloppe tégumentaire, et les muscles de la périphérie du corps assez analogues à ceux de certains pachydermes, semblent avoir une action prédominante.

Les oiseaux n'ont pas de diaphragme complet. L'aptéryx seul partage jusqu'à présent avec les mammifères un muscle organique séparant complètement les cavités thoraciques et abdominales, et ne donnant passage qu'au tube digestif, aux nerfs, et aux vaisseaux artériels et veineux. Pour compléter cette analogie, le professeur Owen (*Proc.*, 1838, 71) n'a trouvé aucunes traces de sacs pneumophores. La trachée formée de 120 petits anneaux est simple et assez analogue à celle des struthionidées. La langue (Owen, *Proc.* 1838, 48) est courte, simple, de forme triangulaire, et comme revêtue d'une couche membraneuse à sa partie libre. L'estomac est petit, de nature membraneuse, et n'a rien retenu de la densité du gésier des oiseaux, c'est un ventricule où apparaissent des traces d'ouvertures pyloriques et duodéniques. Le tube digestif n'a de particulier que de nombreux cœcums, et une grande longueur, appropriés à une nourriture plus particulièrement animale.

Par ces principaux viscères l'aptéryx, on le voit, tend à s'éloigner du type des oiseaux et partage avec les autruches et les casoars quelques particularités d'organisation, tout en s'éloignant déjà considérablement de ces oiseaux anormaux.

Mais si les organes fondamentaux offrent des modifications de premier ordre, les organes des sens et les appareils locomoteurs tendent aussi à faire rejeter cet oiseau des ordres admis jusqu'ici en ornithologie.

11e année.
Paris. — Jeudi, 6 Juin 1844. N° 44

1045. ORNITHOLOGIE

Notice sur l'aptéryx, par R. P. Lesson.

(Troisième et dernier article.)

En examinant les diverses parties extérieures de l'aptéryx, nous arrivons au bec, dont les anomalies sont aussi nombreuses qu'importantes, et dont nul autre oiseau ne présente d'exemple. Cet organe de préhension alimentaire est fort allongé, uniformément arrondi en dessus comme en dessous. La mandibule supérieure s'épate ou se dilate à son extrémité où s'ouvrent deux narines en scissure, et les nerfs olfactifs se prolongent jusqu'au cerveau sous deux rainures qui cotoient les bords de cette même mandibule. L'aptéryx est le seul oiseau qui offre des narines percées au sommet même du rostre, absolument à la manière des narines de mammifères, et il n'échappera à personne de reconnaître une grande conformité entre ce cylindre corné et les maxillaires soudés et tubuleux du museau de l'échidné, que M. Laurent, par rapport à sa disposition, a nommé *museau roslriforme.* Ce bec présente une autre anomalie, c'est d'être muni à sa base d'une cire échancrée en avant, cire qui n'est pas sans analogie avec celle des nandus* ou autruches d'Amérique. Le bec dans l'état de vie est couleur de chair.

Cette cire, garnie de poils, présente de longues soies noires accumulées sur le rebord du front et à la commissure du bec, sortes de moustaches analogues aux soies de ces parties chez les mammifères, et auxquelles M. Owen attribue, avec raison sans doute, des fonctions tactiles. Il est de ces soies qui sont fort longues et qui atteignent souvent les deux tiers du bec.

Le devant de la tête jusqu'au sinciput est revêtu d'une sorte de duvet ras ; les

1046.

plumes de la tête et du cou sont décomposées et presque poilues.

Les yeux sont revêtus de sortes de sourcils ayant des cils courts et ne sont pas parfaitement ronds comme chez les oiseaux. L'oreille externe est formée par une véritable conque obarrondie, couleur de chair, évasée. Cette forme, plus appropriée aux animaux de la première classe qu'à ceux de la seconde ou aux oiseaux, est très propre à percevoir les sons avec une sensibilité exquise.

La nature des plumes qui recouvrent l'aptéryx diffère notablement de celle des autres oiseaux. Elle se rapproche par la forme, la coloration et la disposition lâche en recouvrement à celle du casoar, et plus particulièrement de l'émou de la Nouvelle-Hollande. Toutefois les plumes ont une forme insolite, qui consiste en barbes latérales serrées, duveteuses, terminées par des prolongements piliformes. Chez les autruches comme chez les casoars, les plumes sont à barbules lâches et distantes.

L'aile, réduite à un moignon rudimentaire, cachée sous les plumes scapulaires, est la moindre aile que puisse offrir un type d'oiseau abâtardi. Ce moignon conique se termine en un long ergot, recourbé, dolabriforme, et quelques pennes policiales prennent naissance au rebord supérieur de ce moignon. Ces plumes sont faibles, molles, à rachis portant des barbules serrées, et les barbules elles-mêmes garnies de poils distiques, absolument à la manière de ce qu'on appelle en botanique *bipinnées*.

Par l'appareil rudimentaire du vol ou plutôt par son oblitération, l'aptéryx est essentiellement terrestre comme l'émou ; mais le casoar a des baguettes qui conservent les relations de l'aile, et l'autruche a ces parties assez développées pour lui servir comme moyen d'accélération de course. Les manchots ont leurs ailes en rames pour la natation ; mais l'aptéryx est le seul oiseau où les membres supérieurs se trouvent autant annulés.

Toute la puissance de locomotion est donc concentrée dans les jambes ; aussi l'aptéryx, à peine de la taille d'une poule, a-t-il des tarses d'une grosseur peu en rapport par leur exagération avec le volume du corps de l'oiseau. Ces tarses, ainsi que les doigts qui les terminent, s'éloignent de tous ceux des ordres généralement reconnus parmi les oiseaux. Les jambes sont grosses, aréolées, vêtues jusqu'au talon. Ils diffèrent beaucoup de ceux des autruches et des casoars par leur raccourcissement et par leurs écailles aréolées. Les doigts, à plante renflée, sans replis interdigitaux, les éloignent des tarses des gallinacées, dont les rapproche un pouce surmonté, armé d'un ongle presque droit et assez semblable à l'ergot d'un francolin. Des scutelles revêtent le dessus des doigts seulement.

Ces tarses diffèrent donc notablement de ceux des brevipennes et même des gallinacées ; car ils sont courts, à doigts libres et à ongles presque droits.

Sans rien connaître des habitudes et des mœurs de l'aptéryx, il est possible de les indiquer *a priori*. Demi-mammifère, demi-oiseau, cet être, placé comme chaînon intermédiaire, doit nicher dans des trous, y laisser des œufs dont l'incubation est presque abandonnée aux seuls soins de la nature. Coureur par excellence, doué d'un tact exquis, son odorat doit principale-

1047.

ment servir à le diriger sur sa proie, qui doit consister en vers, en insectes et en petits mollusques.

Voyons maintenant ce que nous disent de ses habitudes les voyageurs qui ont été assez heureux pour l'étudier sur la nature vivante.

Des renseignements précieux sont dus au missionnaire Short qui, en 1837, observa deux aptéryx vivants que l'on avait transportés de la Nouvelle-Zélande à Launceston (terre de Diémen). Dans sa lettre, M. Short cite la rapidité de la marche de ces individus, et rapporte que les naturels l'informèrent qu'ils se livraient à la chasse de ces oiseaux à l'aide de chiens légers à la course, et qui finissaient par épuiser leurs forces par une poursuite active. Une seconde manière aussi très employée par les insulaires consiste à imiter le cri de l'aptéryx pour le porter, pendant la nuit, à s'approcher de ce qu'il croit être un oiseau de son espèce ; puis, lorsqu'il s'est assez approché, à faire luire brusquement une torche à ses yeux. L'aptéryx, ébloui, se laisse alors capturer à la main.

La position la plus naturelle de cet oiseau est d'avoir la tête un peu enfoncée entre les épaules et le corps oblique, et c'est dans cette position dessinée par M. Lebreton dans l'expédition de M. d'Urville, que l'on a monté les beaux individus du Muséum. Cette position est bien éloignée de la forme droite et guindée que lui donne la figure de Shaw. De plus, l'aptéryx a presque toujours le bec dirigé vers la terre.

M. Short ajoute : L'aptéryx se nourrit de vers et d'insectes ; il a des habitudes essentiellement nocturnes, car il ne vaque que pendant la nuit. Quant à ses œufs et à son nid, M. Short n'a pu donner aucun renseignement.

Dès 1825, M. Yate, missionnaire anglais établi à la Nouvelle-Zélande, avait conservé des aptéryx en vie, et en faisant parvenir leurs dépouilles au célèbre MacClay, il y joignit quelques notes succinctes. Ces oiseaux, qu'il avait conservés à Waïmati, mangeaient des vers de terre qu'ils cherchaient dans la terre humide et fraîche en fouillant avec leur bec et les engloutissant tout entier. Ils semblaient dirigés dans cet acte par la finesse de leur odorat; car ils ne fouillaient jamais en vain, et partout où on les voyait labourer le sol, on était certain de les voir retirer de ces annélides. M. Yate ajoute : L'aptéryx est assez rare dans le nord de la Nouvelle-Zélande ; mais il est très commun aux alentours du cap de Hiku-Rangi. Yarrell avait déjà dit que c'était du pourtour du mont Ikou-Rangui, cap oriental des îles zélandaises, que provenaient les peaux reçues à Londres.

C'est toutefois à Allan Cunningham, botaniste mort si misérablement dans l'intérieur de l'Australie, que l'on doit à peu près tout ce que l'on sait sur les mœurs de l'aptéryx. Dans une lettre en date du 26 novembre 1838, il rend compte des observations qu'il a faites pendant son excursion à la Nouvelle-Zélande.

Le kiwi, c'est ainsi que les Nouveaux-Zélandais nomment l'aptéryx, en doublant le plus ordinairement le nom *kiwi-kiwi*, suivant le génie de leur langue, habite les forêts les plus obscures et les plus épaisses. C'est près des stations des missionnaires à Kirikiri et à Waimati, à quelques milles seulement de la baie des îles, qu'on le ren-

1048.

contre le plus ordinairement, bien qu'on en ait tué dans les bois des rives de la Hokianga. Toutefois, il ne paraît exclusivement confiné dans tel ou tel district, mais se rencontrer indifféremment dans tous les cantons boisés de l'île Nord. Dans ces forêts humides, il se tient caché pendant le jour sous les touffes d'une longue graminée du genre carex, excessivement commune dans ces forêts, et se garantit de la lumière du jour qu'il fuit en se blottissant au fond des taillis de *rata* (*metrolyderos* robusta*, Cunningh.). Dans ces gîtes, il établit son nid, qu'il construit très simplement, et dans lequel il dépose, au dire des naturels, un seul œuf de la grosseur de celui d'un canard ou de la taille de celui d'une oie, d'après d'autres dires, et que quelques Européens ont introduit dans leurs basse*-cours. Les Nouveaux-Zélandais n'ont rien pu dire sur la durée de l'incubation.

Il ne quitte les profondeurs des bois que pendant la nuit, et va alors, guidé par la subtilité de son odorat, chercher sa nourriture en se servant de son bec pour tirer les vers dont il se nourrit et en grattant le sol avec ses robustes tarses ; mais les vers seuls ne servent pas uniquement à sa pâture, car on a trouvé dans tous ceux qu'on a ouverts d'abondants fragments d'insectes coléoptères.

L'aptéryx vit appairé le plus ordinairement, jamais en troupes, et les couples sont espacés les uns des autres par des distances qu'on a évaluées à un quart de mille.

Le cri du kiwi pendant la nuit imite ces

coups de sifflets que les enfants d'Europe poussent à l'aide de leurs doigts mis dans la bouche. C'est en l'imitant que les Nouveaux-Zélandais l'attirent près d'eux, et puis, en frappant sa vue faible et débile par l'éclat d'une lumière, peuvent s'emparer de l'oiseau en vie en le saisissant par le cou. Ce n'est jamais que dans les nuits les plus obscures que les insulaires se livrent à cette chasse. Ils y joignent la précaution d'imiter le cri du mâle ou de la femelle, et savent parfaitement distinguer l'un de l'autre aux différences que présente leur voix. Lorsqu'il est alarmé, le kiwi fuit avec rapidité dans ses profondes retraites, et sa course est d'une vitesse incroyable ; ses jambes, malgré leur brièveté et leur grosseur, ont beaucoup de puissance pour la course, bien qu'en apparence elles puissent paraître plus façonnées pour fouiller le sol. Ces jambes sont aussi pour l'oiseau une arme défensive dont il se sert avec avantage contre les chiens ou contre les naturels au moment de leur capture.

Avant l'arrivée des Européens, les chasseurs de kiwi leur faisaient une chasse active et passaient les nuits tempétueuses dans les forêts pour s'occuper d'un oiseau dont ils prisaient beaucoup la chair, et avec la peau duquel ils confectionnaient ces petits manteaux de plumes destinés à recouvrir les épaules des chefs. On le sait, les chefs de race océanienne ont toujours porté des manteaux de plumes : à O'Taïti avec les plumes de l'ouba, aux Sandwich avec les plumes d'hétéroaire, à la Nouvelle-Zélande avec l'aptéryx.

Ces chasses répétées ont détruit le kiwi dans certains districts où il était jadis abondant. Les habitants de la partie du cap oriental sur la côte méridionale de la baie des îles, à Paikia, disent que leurs kiwis sont plus gros et plus forts que ceux

1049.

de la rivière Hokianga. Il se pourrait que ce fût une deuxième espèce.

Tels sont les détails circonstanciés fournis par M. Cunningham ; ils ont été réproduits dans une foule d'articles dont il serait plus utile de citer les titres.

M. d'Urville a vu, comme nous, dans son voyage comme dans celui de la Coquille où nous étions ensemble, des chefs vêtus de manteaux de phormium avec des bordures en poils de chien ou en plumes de kiwis ; mais j'avais pu acheter de l'un d'eux un petit manteau exclusivement fait en plumes de l'aptéryx, auquel le propriétaire avait mis un haut prix et qui semblait être un vêtement d'un luxe peu commun. Peut-être provenait-il d'un chef tué; auquel cas le vainqueur est fier de porter la dépouille du vaincu.

Je crois avoir signalé tous les faits connus dont se compose aujourd'hui l'histoire de l'aptéryx ; tout n'est pas dit encore, et nous aurons sans doute de nouvelles observations à constater un jour, et des habitudes plus curieuses peut-être à apprendre.

Il résulte qu'à moins de renverser les idées saines et logiques puisées dans les véritables caractères fondamentaux, l'aptéryx ne peut être placé parmi les oiseaux ordinaires ; qu'il s'éloigne par beaucoup de points même de ceux dont il semble le plus voisin, tels que les autruches, les casoars, les nandus et les émious ; que l'aptéryx est le type d'une nouvelle classe d'oiseaux distincte de toutes les autres, et qu'il doit être placé dans une méthode naturelle entre les mammifères et les oiseaux ; qu'enfin il est la preuve la plus réelle que la division que j'ai précédemment faite des oiseaux normaux et anormaux est basée sur des caractères fondamentaux qu'il n'est pas permis de négliger, si l'on veut que l'ornithologie devienne une branche philosophique des sciences naturelles.

11e année.

Paris. — Dimanche, 16 Juin 1844. No 47

1116. ORNITHOLOGIE

Catalogue descriptif des oiseaux nouveau, rares ou peu connus, de la collection Abeillé* ; par M. R. P. Lesson (1).

Il est peu de collections en province plus riches en espèces rares que celle du docteur Abeillé de Bordeaux, médecin plein de zèle pour l'ornithologie et cultivant cette branche des sciences naturelles avec succès. Nous avons souvent décrit de belles espèces du musée de M. Abeillé dans la *Revue zoologique* ; dans cette série d'articles, il sera question d'une centaine d'espèces reçues tout récemment. Ces oiseaux ont été peints par M. Charles Thelot de Rochefort, dans une suite de vélins qui sont en notre possession.

I. — *Falco aldrovandii*, Temm., pl. 128 : Java.

Je suis forcé de rapporter au faucon d'Aldrovande l'individu que M. Abeillé m'a dit provenir de la Nouvelle-Hollande, et que je crois être un jeune adulte. Les formes sont les mêmes. La coloration géné-

(1) [Les articles suivants sont sous ce titre général.] (A. M.).

rale ne diffère pas ; mais il présente, entre autres particularités, celles d'avoir un sourcil jaunâtre, un demi-collier s'avançant sur la nuque et toutes les plumes noires du dessus du corps cerclées de roux. Le reste est semblable.

II. *Noctua maculata*, Vigors et Horsf., tr. XV, p. 189.

MM. Aigors* et Horsfield ont distingué la *n. maculata* de la *noctua boubouk*, Latham. On pourrait tout aussi bien faire une espèce de l'individu que nous avons sous les yeux. Il mesure 25 centimètres de longueur totale ; tout le dessus du corps jusqu'au croupion est brun ; quelques petites taches blanches sont éparses sur les épaules et sur le bas du dos. Les ailes sont brunes, mais couvertes d'yeux blancs. Le front est blanc, ainsi que le menton et les joues ; tout le dessous du corps est varié de flam-

1117.

mêches brunes et blanches, dues à ce que les plumes sont toutes brunes au centre et blanches sur leurs côtés. Les rémiges sont barrées de blanc gris sur un fond brun. Le dedans des ailes est brun, relevé de bandelettes blanches ; la queue, assez longue et égale, est barrée de gris blanc, passant au blanc sur les plumes les plus extérieures. Les plumes des tarses sont variées de noir et de blanc ; les poils des doigts sont rigides, mais formés de poils réunis en un ceaux, ou comme pectinés. Cet accipitre nocturne, qui a des serres d'une grande puissance, a la plante des pieds couverte de verrues très pressées.

Les taches de boubouk sont ferrugineuses, celle de la n. maculata sont, sur le ventre, brun ferrugineux, et le dos a des taches blanches. Toutefois nous regardons le boubouk, la *maculata* et notre individu comme ne formant qu'une espèce.

Cet oiseau est de la Nouvelle-Galles du Sud.

III. *Falco dispar*, Temm., pl. col. 319.

Cet oiseau, rangé dans le genre *elanus*, est l'*elanus leucurus* de Vieillot, et le faucon blanc de Azara. On le trouve dans toute l'Amérique méridionale.

IV. *Astur Rayii*, Vig. et Horsf. tr. XX, p. 180.

L'*astur Rayii* me semble être une livrée particulière, soit d'âge, soit de sexe, du *falco Novœ-Hollandiœ* de Latham et de Gmelin. On en jugera par la description suivante.

L'autour de Ray, qui vit à la Nouvelle-Galles du Sud, mesure 53 centim. de longueur totale. Son plumage, doux, mollet, est d'un gris cendré ou gris-clair ardoisé sur la tête, le dos, le croupion ; d'un gris foncé et assez uniforme sur les ailes, bien que celles-ci soient en dedans bordées de blanc. Tout le dessous du corps, à partir du menton jusqu'aux couvertures inférieures, est d'un blanc sale, rayé de barres transversales peu marquées, d'un roussâtre clair. Le dedans des ailes est blanc, barré de brun clair, et les épaules sont également blanches ; les rémiges sont brunes en dehors et les pennes caudales sont grises, barrées de brunâtre. Le bec est noir, mais la cire est d'un beau jaune ; les tarses sont dans l'état de vie d'un jaune assez vif.

Cet oiseau est par la forme parfaitement semblable au *falco albus* figuré par White, pl. et p. 250 de l'édition anglaise, et qui a pour phrase : *Falco albus, rostro nigro, cera pedibusque flavis.* Ce dernier a le plumage entièrement blanc de neige.

V. *Accipiter minulus**. Cet oiseau est le *sparvius minullus* de Vieillot (*Encycl.*, p. 1263), que Levaillant a figuré pl. 34. C'est le *falco minullus* des auteurs. L'individu soumis à notre étude présente sur la gorge et le thorax une coloration roussâtre avec larges flammèches brunes ; le reste comme dans les descriptions. Hab. le cap de Bonne-Espérance.

VI. *Strix perlata*, Vieill., *Encycl.*, p. 1290. Cet oiseau est la chouette perlée de Levaillant, af. pl. 284 ; c'est le *nyctipetes perlatus* de Swainson, w. af., t. I, p. 130. Ce rapace de la Sénégambie et du

Cap appartient aujourd'hui au genre *nyctale* de Bremh*.

Notre individu a tout le dessus du corps brun-roux, avec lames peu apparentes sur la tête et le dos, mais très blanches et nombreuses sur le croupion et les ailes. Le ventre et le thorax ont de larges flammes roux-vif ou cannelle sur un fond

1118.

blanc. Le front est blanc ; le reste comme dans les descriptions.

VII. *Aslur multilineatus*, Lesson, Sp. nov.

Cet autour rappelle par sa coloration le *falco undulivenler* de Ruppel (2e voy., pl. 18, f. 1). Il mesure 51 centimètres de longueur totale. Les ailes atteignent au plus le milieu de la queue ; le bec est bleuâtre, les tarses nus et à larges scutelles jaunes. Un brun noir assez uniforme colore le dessus du corps, la tête, le manteau, le dos, le croupion et les ailes. Les joues et les côtés du cou sont également bruns. Le gosier et le devant du cou est brun tiqueté de blanc ; mais à partir du milieu du cou, le thorax. le ventre, les côtés et les couvertures inférieures sont d'un roux couleur de rouille, léger et sinuolé de bandelettes transversales rapprochées et flexueuses, blanches, bordées de lignes brunes qui les encadrent finement. Les plumes.tibiales sont rousses, avec des bandelettes blanches plus étroites et moins apparentes. Les pennes alaires sont brunes en dehors et d'un brun à teinte uniforme ; elles sont en dedans brunes à l'extérieur, blanches en dedans, avec des barres brunes qui partent du rachis. La queue est longue, égale, à pennes larges, brunes en dessus, avec barres plus foncées. Le dessous des pennes est blanc, sans barres sur les deux externes, avec barres incomplètes sur toutes les autres. Ce rapace, d'assez forte taille, paraît provenir de l'Amérique équatoriale. On ignore toutefois au juste sa patrie.

(La suite au prochain numéro.)

11e année

Paris. — Jeudi 20 Juin 1844. N° 48

1137.

Catalogue descriptif des Oiseaux nouveau, rares ou peu connus, de la collection Abeillé;* par M. R. P. Lesson.

VIII. *Buteo brachyurus*, Vieill., *Ency.*, t. 3, p. 1223 n° 18 : *C. supra nigricans, subtus albus ; rostro nigro ; pedibus flavis.*

Je suis forcé de reconnaître dans l'espèce nommée par Vieillot et très mal décrite, l'oiseau du Brésil que nous a communiqué M. Abeillé. Voici une description exacte de l'individu que nous avons sous les yeux.

La buse qui nous occupe a les formes lourdes et ramassées, et les ailes un peu moins longues que la queue. Le bec est noir, mais la cire et les tarses sont d'un beau jaune. Ces derniers sont vêtus jusqu'à moitié et leurs ongles sont noirs. Deux seules teintes se partagent la livrée de cet oiseau. Un noir profond et luisant colore les plumes de la tête, du cou, du dos, des ailes et du croupion, et un blanc pur s'étend depuis le menton jusqu'aux couvertures inférieures de la queue. Les ailes d'un noir intense en dehors sont blanches au coude et en dedans. Les rémiges d'un noir mat sont bordées de blanc sur leurs barbes internes et dans le haut seulement. Les plumes des côtés du cou présentent quelques flammèches noires sur un fond blanc. Le duvet à la base de toutes les plumes noires est blanc.

1138.

Le front a un rebord blanc qui caractérise assez cette espèce dont les paupières sont garnies de cils épais. La queue courte et carrée est barrée de raies noires, grises, et est masquée de blanc en dedans. En dessous la queue est blanche barrée de noir.

Cette buse mesure 41 centimètres de longueur totale ; elle vit au Brésil.

IX. *Chalcites Simplex.* Lesson, sp. N.

Le coucou dont il s'agit ici provient de la Nouvelle-Hollande. Il appartient à ce petit groupe dont le plumage est ou très brillants* ou simplement lustré, groupe qui a des points de contact avec les vrais coucous. Il est bien distinct des *cuculus inornatus*, *albostrigatus*, *cirenaceus**, *incertus*, *variolosus*, *lucidus* et *metallicus* de la nouvelle Galles du Sud.

Voisin du *cuculus inornatus*, de Vigors et d'Horsfield, le *Simplex* est long de 29 centimètres. Sa queue est alongée*, arrondie, et les ailes atteignent les deux tiers de la longueur. Le bec est brun, excepté à la base où il est pâle ; les tarses sont courts et noirâtres. La première rémige est courte et la troisième est la plus longue de toutes, ce qui donne à l'aile une forme aiguë.

Le dessus de la tête est brun avec flammèches grises, rousses et brun clair. Les taches rouille deviennent plus nombreuses sur la nuque et le haut du cou. Deux traits brus* partent des yeux et longent le cou. Le manteau, le dos, les ailes, sont gris marqueté de taches rousses. Le bas du dos et le croupion sont gris : les plumes de ces parties ont des reflets lustrés ou soyeux. Les ailes sont piquetées de blanc sur un fond brun. Les pennes alaires et caudales sont brun*, largement dentées de blanc, ce qui en dessous des ailes et de la queue fait paraître ces partis émaillées.

Tout le dessous du corps, le menton, le devant du cou, le ventre et les flancs sont d'un gris doux et soyeux. Le bas ventre et les couvertures inférieures de la queue sont d'un blanc pur.

X. *Milvus anonymus*, Lesson, Sp. N.

La Nouvelle-Hollande possède plusieurs espèces de milans distinctes, les *M. affinis*, *isurus* et *sphœnurus*. Cette espèce dont il s'agit est bien distincte des trois citées, tout en se rapprochant du *milvus ater* qu'elle représente dans l'Australie.

Le milan anonyme a sa queue large et fourchue, le bec et les tarses noir bleuâtre, les rémiges hastées. Tout son plumage est sans exception brun roux, émaillé de flammèches jaune pâle et blanchâtre ; les plumes de l'affinis sont rousses avec le centre brun. Ici c'est l'inverse ; le corps de sa plume est brun roussâtre, le rachis noir lustré, mais le centre est jaune très pâle. Sur la tête et le cou les flammèches sont nombreuses ; sur les ailes, le dos, les plumes sont cerclées de roux clair à leur sommet seulement : sur les couvertures des ailes le jaune passe à la nuance rouille. Sous le corps, les flammèches sont longues, puis nuancées de roux vif sur le ventre et sur les flancs. Un épais duvet blanc revêt le corps de l'oiseau.

Les rémiges sont d'un noir mat, terminées par un petit rebord roux. Les pennes caudales sont grises, légèrement barrées de brun et terminées par un rebord blanchâtre. En dessous le fond est plus gris et les bandes plus apparentes.

Ce qui distingue surtout cette espèce sont les deux plaques brunes qui recouvrent les régions oculaire et auriculaire.

1139.

Ce milan mesure 45 centimètres de longueur totale et vit à la Nouvelle-Hollande.

XI. *Elanus cœsius*, Sav., Egypte, pl. 2, f. 2 ; Leblac, Levaill., af. pl. 36 et 37 : *falco melanopterus*, Daudin.

Cet oiseau est regardé comme une de ces espèces cosmopolites, répandue en Afrique, en Asie, en Australie et en Amérique.

L'individu du cabinet de M. Abeille* provient du Bengale ; son plumage cendré en dessus est blanc pur en dessous. Les épaules sont d'un riche noir violacé et luisant. Les sourcils sont noirs, ainsi que le bec et les ongles. Les tarses sont jaunes, Nous pensons que les diverses variétés de l'*Elanus cœsius* auront besoin d'être comparées entre elles aux divers âges, afin d'être étudiées soigneusement.

XII. *Turnagra Crassirostris*, Lesson.

L'oiseau type de notre genre turnagra (1837), habite la Nouvelle-Zélande ; il a été figuré par MM. Quoy et Gaimard, sous le nom de *tanagra macularia*, Astrol., pl. 7, f. 1. Latham l'avait décrit sous le nom de *Turdus* Crassirostris et Sparmann sous celui de *Turdus Capensis*. Gray en a fait en 1840 son genre *Keropia*.

La description de MM. Quoy et Gaimard est exacte, mais la figure qu'ils en ont donnée est trop enluminée de jaune sur le ventre. Ces parties sont brun-olive et blanches seulement.

L'aile du turnagra est arrondie, à pennes étagées de façon que les 5e et 6e soient les plus longues. Les nouveaux Zélandais nomment cet oiseau *koropio* et *hoko-eou*.

(*La suite au prochain numéro.*)

11e année.

Paris. — Dimanche, 23 Juin 1844. No 49

1163.

Catalogue descriptif des oiseaux nouveaux, rares ou peu connus, de la collection Abeillé ; par M. R. P. Lesson (1).

XIII. *Dasyornis Abeillei*, Lesson Sp. nov.

Le genre dasyornis de MM. Vigors et Horsfield comprend aujourd'hui deux espèces, les *D. australis* (Vig. et Horsf.) et *D. Longirostris* (Gould). Les Dasyornis de Blyth sont des timalies, car la plus intime

(1) [Même titre pour l'article suivant] (A. M.).

connexion existe entre ces deux genres.

Le dasyornis d'Abeillé mesure 24 centimètres. Il a le bec corné, les tarses couleur de chair et les ongles jaunes. Les soies de sa commissure, sa queue longue et étagée, ses plumes décomposées, ses ailes courtes et arrondies, les placent dans le genre dasyornis. Ses ailes, qui dépassent à peine le croupion, ont la première rémige très courte, la deuxième et la troisième moins longues que les quatrième à onzième qui sont presque égales. Les tarses scutellés en avant sont entiers en arrière.

Les plumes du sommet de la tête sont épaisses, lâches, et forment une huppe.

1164.

Elles sont d'un vert olive ainsi que le dessus du corps, le dos, les ailes et la queue. Le rebord frontal, le pourtour des yeux, une plaque verticale qui part du menton et va jusqu'au thorax, celui-ci et les côtés du ventre sont noirs. Deux larges plaques triangulaires occupant les joues et les côtés du cou, et une ligne sur le milieu du ventre, sont blanc pur. Le bas ventre est brun olivâtre et les flancs d'un olive franc. Les rémiges sont brunes, les rectrices olive en dessus, brunes en dessous. Cet oiseau provient de la Nouvelle-Hollande.

XIV. *Tanagra erythrotis*, Lesson, *Echo du monde savant*, 1843, p. 947. Belle espèce de la Bolivie.

XV. *Tanagra prasina*, Lesson, *Echo du monde savant*, 1843, p. 947.

Oiseau des plus vivement colorés de la Colombie.

XVI. *Malaconotus olivaceus*, Sw. Wal. 1, pl. 22 ; Le Blanchot, Levaill., pl. 185 ; Tamnophilus olivaceus, Vieill. Gal. pl.

L'individu fait le passage du *M. olivaceus* au *M. cruentus* parce qu'il a sa poitrine orangée. Mais il a les épaules émaillées de goutelettes jaunes. Il provient du cap de Bonne-Espérance.

XVII. *Malaconotus affinis*, Lesson, Sp. nov.

Cette espèce a les plus grands rapports avec le *malaconotus aurantiopectus* de notre traité d'ornithologie (1829), décrit et figuré en 1837, par Swainson, sous le nom de *malaconotus chrysogaster* (W. Af. Birds, t. 1, pl. 25).

Mais cependant il y a des différences assez grandes pour les séparer comme espèces. Bien que de même taille, ayant le même aspect et la même coloration générale, ce sont deux espèces représentant en miniature le *blanchot* à corps jaune et le blanchot à poitrine orangée. Or, notre malaconote à poitrine orangée est de la Sénégambie et l'*affinis* est du cap de Bonne-Espérance. Ces deux oiseaux sont un nouvel exemple de l'analogie des espèces qui vivent sur ces deux points de l'Afrique, tout en conservant la spécialité de création.

L'*affinis* a donc la taille de l'*aurantipecte**, c'est à dire 18 centimètres de longueur totale. Son bec et ses tarses sont noirs ; un gris tendre colore la tête, les joues, les côtés et le dessus du cou, et le haut du dos. Les ailes, le dos, le croupion, sont vert olive franc. Deux petits traits blanc sale masquent les côtés du front et le gosier. Un riche jaune d'or teint toutes les parties inférieures, ce jaune est nuancé d'orangé sur le bas du cou et le devant du thorax. Les rectrices olive en dessus et terminées par un rebord jaune sont franchement jaunes en dessous. Les ailes olive ont quelques franges jaunes sur leurs tectrices. Les rémiges sont brunes, mais frangées de jaune sur leur rebord externe.

Dans l'espèce du Sénégal le front est jaune et la queue est barrée de noir. Dans l'affinis le front est blanchâtre et la queue unicolore.

XVIII. *Francolenus** *Spadiceus*, Less., voy. de Bélanger, *Zool.*, p. 272 ; *Perdix spadicea*, Lath. ; perdrix rouge de Madagascar, Buffon ; Temm., Gall., p. 315, t. 2.

Cet oiseau n'est pas un vrai francolin, il doit former une troisième espèce dans le genre *ithaginis* de Wagler, et ce sera l'*ithaginis spadiceus*, Lesson.

Le bel individu parfaitement adulte que nous avons sous les yeux est remarquable

1165.

par la dénudation du pourtour de l'œil, qui est rouge est* papilleux. Le bec est jaunâtre, bordé de rouge à la commissure ; les tarses sont de cette dernière couleur. Le sommet de la tête est brun, le cou gris-brun. Le reste du plumage d'un rouge brun cannelle assez vif. Le duvet du ventre est épais, touffu, comme poilu et gris. Les deux ergots à chaque tarse sont droits et forts. Les couvertures inférieures de la queue d'un brun roux tabac d'Espagne foncé. Les rectrices sont en dessous d'un noir luisant à nuance capucin.

Le reste est comme dans les descriptions que nous avons données de cet oiseau dans la partie zoologique du Voyage de Bélanger. L ithaginis spadicé appartient à l'Asie, et et* habite l'Inde et surtout les environs de Pondichéry et de Calcutta.

XIX. *Nasica albicollis*, Lesson, Sp. N.

Nous avons fondé le genre nasican dans notre *Traité d'ornithologie* (1830), sur l'espèce que Levaillant à décrite et figurée sous le nom de picucule nasican (pl. 24). L'oiseau que nous avons sous les yeux est bien celui décrit dans notre *Traité d'ornithologie* (p. 311), mais il nous reste des doutes si c'est celui de Levaillant.

En effet, le picucule nasican de Levaillant a le dessus de la tête roux, une bande blanche sur les côtés de la tête et du cou, et les plumes de la gorge et du cou roussâtres variées de blanc.

Notre nasican albicol a le bec corné, les tarses bleu noir, le plumage sur le corps d'un roux cannelle fort vif, mais il présente en outre la tète et le dessus du cou noir avec flammèches étroites rousses. Les joues sont brunes, et un sourcil blanchâtre surmonte l'orbite. La gorge et tout le devant du cou est d'un blanc de neige, puis les plumes du bas du cou sont blanches, bordées de noir, ce qui forme une sorte de collier émaillé. Le thorax et le ventre sont olive-roux ou couleur de bois de gayac, avec armes blanches cerclées d'un rebord brun. Le bas-ventre et les flancs, ainsi que les couvertures inférieures de la queue : sont roussâtres. La queue est fortement en toit, à pennes spinescentes, également d'un rouge cannelle fort vif.

Le nasican albicol vit à Cayenne.

XX. *Phyllanthus Capucinus*, Lesson, N. Sp.

Cet oiseau a les formes de la *timalia thoracica* de Temm. (pl. 76), et semble placé sur les confins des genres *timalia* et *garrulax*. Mais sa queue égale l'éloigne des timalies dont on connaît 14 espèces, des cinclosomes indiens, des sibia et des macronus. C'est une espèce du genre phyllanthe, tel que nous l'avons restreint, c'est à dire au *malacocircus strialus* de Swarinson* et à l'*oriolus squamiceps* de Kittlitz. Notre oiseau formera donc la troisième espèce de ce genre asiatique.

Le bec est comprimé, entier sur ses bords, à fosses nasales larges, à soies de l'angle du bec courtes ; les tarses sont proportionnellement robustes, à pouce très robuste et armé d'un ongle fort : les ailes sont concaves, à premier penne bâtard*; les deuxième, troisième, quatrième, plus courtes que les cinquièmes, sixième et septième, qui sont égales et les plus longues. La queue est moyenne, arrondie au sommet.

Notre oiseau a le port et l'aspect de la *timalia thoracica* qui devra rentrer dans le genre *phyllanthus*. Sa commissure a aussi quelques courtes soies. La taille est celle

1166.

d'un merle d'Europe ou de longueur totale 21 centimètres.

Le bec est jaune clair ; les tarses sont bleuâtres ; les ongles cornés, le corps en dessus comme en dessous, les ailes et la queue sont d'un brun ferrugineux velouté plus noir sur le haut du dos et le thorax, plus tabac d'Espagne sur le ventre. Les ailes et la queue sont en dessous brun uniforme.

Les plumes de la tête, du cou, de la gorge, sont grises. Celles de la tête sont comme squammeuses. Un rebord noir velouté règne en avant du front sur les côtés et à la base de la mandibule inférieure.

On ignore le point de l'Asie d'où provient cet oiseau.

11e année.

Paris. — Jeudi, 27 Juin 1844. No 50

(4e article.)

1190.

XXI. *Diglossa La Frenayii**, *Boiss.*; *uncirostrum La Fresnayii*, ib rev. zool. 1840, p. 4, no 7 : *Agrilorhinus Bonapartei*, fraser, proc. 1840, p. 22.

Ce gracieux oiseau d'un genre qui compte neuf espèces, est complètement d'un noir soyeux et luisant, excepté les épaules qui sont légèrement teintées d'ardoises*. La place que les auteurs assignent à ce genre me semble erronée, par son facies, ses tarses, la coupe de ses ailes et de sa queue, par son bec surtout, le genre Diglossa rappelle en petit les bataras américains. La commissure a de longues soies, et le bec est très comprimé sur les côtés. Le Diglossa de La Fresnaye habite la Colombie.

XXII. *Œgotheles** *Nov œHollandiœ*, *auct.*

Le genre œgothèle est un excellent genre faisant le passage des podarges aux engoulevents. Notre espèce est bien celle que M. La Fresnaye a figuré dans le magasin de zoologie (année 1837, pl. 82), sous le nom d'*Œgotheles Novœ Hollandiœ*, mais nous ne pensons pas que ce soit l'*Œgotheles Novœ Hollandiœ* de Vigors et Horsfield, celui figuré par White pl. et p. 241. Il se pourrait que ce fut l'*Œgothelus Lunulata* de MM. Jardine et Selby. Notre oiseau a en effet l'occiput encadré de noir et traversé par une bande noire. De plus, un demi collier noir velours sur le bas du cou bordé d'un demi collier roux. Les tarses sont jaunes et le bec noir. Le bas ventre et les couvertures inférieures sont blancs.

XXIII. *Psaris inquisitor*; d'Orbig.; *lanius inquisitor*, Licht., Cat. nº 530.

L'individu que nous a communiqué M. Abeillé se rapporte parfaitement à la courte description de Lichsteinstein*. C'est un oiseau qui a la taille et la colloration* générale de la bécarde de la Guiane, mais le gris de perle du dessus du corps est plus frais, le dessous tire plus au blanc. Le pourtour de l'œil est emplumé ; le bec est entièrement noir. Le noir de la tête est profond et lustré. La première rémige est fort longue, et toutes les pennes rémigiales ont un large rebord blanc sur leurs barbes internes. Ce blanc ne paraît que quand l'aile est ouverte. Une deuxième tache blanche occupe le milieu du rebord interne de la penne à son milieu. Les tarses grèles* des bécardes et leur bec large, semblent annoncer des mœurs spéciales, c'est-à-dire, que leur vol peu puissant, doit les fixer sur les branches des arbres où elles guettent les papillons qui doivent faire la pâte de leur nourriture. Elles y joignent les larves et les chenilles, et comme leur bec est dûr*, sans doute des coléoptères et des petits lézards.

XXIV. *Dendrochelidon Velatus*, Lesson, N. sp.

Cette belle espèce d'hirondelle, du sous genre des dendrochelidon (Boié), ou *macropteryx* (Swainson), est complètement identique par les formes avec *hirundo klecho* d'Horsfield, ou *cypselus longipennis* de Temminck (pl. col., 83 f. 1). Elle rappelle jusqu'à la coloration de cette espèce, bien qu'essentiellement distincte.

Le *D. velatus* vit au Bengale. Le *klecho* habite Java. Les auteurs anglais, et Blyth entr'autres, ne la mentionnent pas.

Les ailes sont fort longues et fort effilées.

1191.

La queue elle-même est profondément fourchue et les deux pennes latérales sont excessivement étroites. Le bec est mince, grêle, et légèrement renflé à sa pointe. Les tarses sont vêtus jusqu'aux doigts. Le pouce est long et renflé à l'attache de l'ongle. Les plumes de l'occiput sont lâches et forment une sorte de huppe incompléte*, absolument comme chez l'*h. kecko**.

La coloration de notre espèce est identique avec celle de l'*h.* klecho, ou longipennis avec les différences suivantes :

Un bleu noir ardoisé colore l'occiput. Un ardoisé foncé règne depuis la nuque, jusqu'aux couvertures supérieures de la queue, sans partage. Un bandeau noir velours forme une ligne frontale qui s'élargit en triangle en avant des yeux en s'étendant sur ces parties comme un voile. Le pourtour de l'œil est nu et bordé d'un cercle noir très étroit. Les régions auriculaires sont garnies d'une plaque rouge marron très luisant. Un trait marron part de la commissure du bec et descend sur les côtés du voile noirci sur les jugulaires.

Tout le devant du cou est jusqu'au haut du ventre gris bleuâtre glacé. Le ventre et les couvertures inférieures de la queue sont blanc pur. Les plumes tibiales sont noirâtres et les tarses sont noirs. Deux touffes blanches, cachées par les ailes, occupent les flancs.

Les épaules sont bleu luisant. Les pennes sont noires. Les sommets des couvertures moyennes sont blanchâtres.

Les rectrices sont vert doré en dessus. Elles sont d'un brun très clair tirant au nacré sur les deux longues pennes externes en dessous. Le rachis est blanc.

Cet oiseau a de longueur totale 23 centimètres.

[1844, 2e semestre]

11e année.

Paris. — Dimanche, 7 Juillet 1844. No 2

29.

Catalogue des oiseaux nouveaux ou peu connus de la collection Abeillé ; par R.-P. Lesson (1).

(5e article.)

XXV. *Diglossa personata*, Lesson ; *agrilorhinus personatus*, Fraser, Proceed., 1840, p. 23.

Ce gracieux oiseau décrit par Fraser a été inconnu aux ornithologistes français. C'est une des espèces ayant tous les caractères du genre si remarquable par les deux couleurs qui teignent son plumage. Son bec et ses tarses sont noirs ; son plumage, généralement bleu azuré, est relevé par le masque noir velours qui, encadrant la face, forme un bandeau sur le front, entoure les yeux, couvre les régions auriculaires et la gorge. Les pennes alaires et caudales sont noires, mais leur bord externe est frangé de bleu azur. La queue est

(1) [Dans le titre des précédents articles il y avait... *nouveaux, rares ou peu connus*, etc. Même titre pour les articles suivants.) (A. M.).

complètement noire en dessous. La région anale, bien que bleue, a les plumes qui

30.

la recouvrent terminées de blanc ; les couvertures inférieures de la queue sont bleues, bordées de blanc ; tout le plumage est soyeux au toucher.

Les soies de la commissure du bec sont assez longues, les pennes de la queue sont acuminées au sommet : long. 0,16 centimètres.

XXVI. *Monarcha nigra*, Lesson.

Les deux individus de la collection de M. Abeillé sont mâle adulte et jeune mâle, et les deux sexes ont été décrits par Forster et Latham comme formant deux espèces distinctes sous le nom de muscicapa *nigra* et *lutea*. Nous avons figuré le mâle, la femelle et le jeune dans la zoologie de la coquille*, sous le nom de *muscicapa pomarea*, pl. 17, fig. 1 à 3. M. Garnot lui avait donné le nom de *m. maupitiensis*. Le nom de Pomaré est celui d'un roi de l'île d'O-Taïti, où cette espèce est commune, de même que dans les autres îles de la Société.

XXVII. *Conirostrum albifrons*, de Lafresn., Rev. zool., 1842, p. 301, et Mag. de zoologie, 1843, pl. 35.

Ce joli oiseau de la Colombie appartient à la variété à calotte blanche sans bordure bleue. Le reste comme dans l'espèce type.

XXVIII. *Conirostrum fuliginosum*, Lesson, sp. nov.

Le genre *conirostrum* de MM. d'Orbigny et Lafresnaie est un bon genre, dont les espèces vivent exclusivement dans l'Amérique centrale ou méridionale. Des quatre espèces jusqu'à ce jour connues, trois appartiennent à la Colombie, et une à le* Bolivie et au Pérou. Ce sont les *c. albifrons*, *cærulei frons*, *sitticolor* et *cinereum*.

Notre cinquième espèce provient de l'intérieur du Chili. C'est un petit oiseau, ayant tous les caractères du genre, bien que dans sa première livrée, son bec et ses tarses ne diffèrent point de ces parties, tels que je les examine sur le *c. albifrons*, seulement les doigts ont un peu plus de longueur La taille, la queue comprise, ne dépasse pas 12 centimètres. Son bec est noir, mais les tarses sont jaune brunâtre. Dans les espèces de ce petit genre, les scutelles ont de l'épaisseur, et l'ongle du pouce est recourbé et allongé : ce qui dénote des habitudes grimpantes.

Notre conirostre du Chili a une livrée des plus ternes ; tout son plumage est uniformément d'un brun fuligineux ardoisé, plus foncé sur la tête et formant une sorte de calotte brune. Toutefois les plumes du bas-ventre et du croupion sont légèrement vermiculées de roux. Les ailes sont d'un brun roussâtre, et les rectrices brunâtres.

Le plumage de cette espèce est identique

par sa nature molle et soyeuse à celui des autres conirostres. Les narines chez tous ces oiseaux sont recouvertes par une lamelle cornée qui est plus saillante et plus voûtée chez notre oiseau.

XXIX. *Tanagra* (*aglaia*), *nigroviridis*, Lafresn., Rev. zool.,1843, pl. 69, et Mag. de zool. 1843, pl. 43.

Ce joli oiseau, d'un genre riche en brillantes espèces, habite la Colombie. M. de Lafresnaie en a donné une bonne figure, bien que l'enluminure ne puisse rendre le soyeux de son plumage et l'éclat doré des gouttelettes vertes, émeraudines et lapis qui l'émaillent.

XXX. *Mohua hua*, Lesson (1837).

L'individu de M. Abeillé est complètement adulte. Il a la tête, le cou, le thorax et le haut du ventre d'un riche jaune d'or.

31.

Le dos olive, le bas-ventre gris blanchâtre sale, le bec et les tarses brunâtres, les pennes alaires sont brunes, les moyennes bordés d'olive, les externes d'un fin liseré blanc.

Cet oiseau, de la Nouvelle-Zélande, a reçu une foule de noms : c'est le *muscicapa chloris* de Forster (pl. 157), le *m. ochrocephala* de Gmelin, le *certhia heteroclita* de Quoy et Gaimard, dont la figure (pl. 17, f. 1) laisse beaucoup à désirer et a été peinte sur un jeune individu ; c'est l'*orthonyx icterocephalus* de La Fresnaie, le *mohua ochrocephala* de Gray. La figure de M. de La Fresnaie est exacte.

J'ai revu les caractères du genre *mohua*, et ils forment bien un genre distinct ; seulement on les rectifiera ainsi : bec médiocre, entier, comprimé, à mandibules aiguës, la supérieure carénée, narines larges, basales ; soies raides ; première penne bâtarde, les cinquième et sixième les plus longues ; tarses armés d'ongles recourbés, forts, celui du pouce le plus robuste ; rectrices rigidules, usées au bout.

XXXI. *Sycobius melanotis*, Lesson ; *ploceus melanotis*, La Fresn., Mag. de Zool., 1839, pl. 7.

On ne peut se dispenser de séparer des *ploceus* des oiseaux africains ayant un bec de moineau longicône, une coloration vive et brillante, ayant le plus souvent du rouge, et dont la queue est plus allongée que celle des lisserins* ordinaires, en même temps que le corps est plus svelte ; souvent enfin la tête est huppée. Les *sycobius* de Vieillot ont aussi été nommés *malimbus* par lui, *eupodes* par Jardine et Selby, et *simplectes* par Swainson. Les espèces types sont le malimbe huppé (ois. chant., pl. 42 et 43), le m. orangé (pl. 44), et le m. à gorge noire (pl. 45). Certainement l'olivarez de Vieillot (p. 30) et le fringille huppé (pl. 29) pourraient appartenir à ce petit groupe.

Mais le *sycobius melanotis* a été décrit il y a peu d'années et figuré par M. de La Fresnaie C'est un oiseau à bec et tarses jaunes, à tête, nuque, haut du cou rouge de feu. Un masque marron noir, formant rebord sur le front et sur le gosier, s'élargit sur les joues et sur les oreilles ; tout le devant du cou et du thorax est rouge sanguinolent, teinte qui s'affaiblit et se mêle au blanchâtre du ventre ; le bas-ventre et les flancs sont blanchâtres ; le dos, les ailes, la queue sont gris roux pourpré et brunâtre ; les rémiges sont bordées finement au rebord de rouge de feu ; la queue a aussi quelques pennes bordées de rouge. Cet oiseau provient de la Gambie. M. de La Fresnaie l'indique au Sénégal.

XXXII. *Tanagra* (*euphonia*) *pardalotes*, Lesson, sp. nov.

L'individu décrit sous ce nom m'a fort embarrassé : par son plumage, son facies, c'est un euphonia ; par son bec denté, robuste et conique, c'est un *pardalotus*. Il est le lien le plus intime qui unisse ces deux genres ; il est une nouvelle preuve de certaines analogies qu'il est difficile de préciser. J'ignore sa patrie, et comme pour moi les pardalotes sont de l'Asie et de l'Australie et les euphones de l'Amérique, la question reste indécise. Toutefois ses formes, sa coloration et son aspect général en font un *euphonia* du groupe des *t. violacea* et autres espèces voisines.

Le genre euphonia comprend aujourd'hui 22 espèces : celle-ci sera la vingt-troisième. L'euphone pardalote mesure

32.

11 centim. de longueur totale. Son bec et ses tarses sont noirâtres, tout le dessus du corps est bleu-vert métallisé très luisant et les plumes sont très soyeuses au toucher ; un bandeau jaune couvre le front ; une cravate du même bleu-vert lustré du dos occupe le devant du gosier et du haut du cou et s'étend sur les côtés de la tête et les joues. Tout le dessous du corps, y compris les couvertures inférieures de la queue, est d'un jaune très foncé et très vif ; les pennes alaires et caudales sont d'un brun mat, mais leur bord externe a des franges jaunes très fines, et les deux rectrices moyennes sont vertes, les autres pennes sont brunes ; l'aile en dedans est blanche dans le haut

La queue est courte et les ailes dépassent un peu le croupion Le bec est un peu plus robuste que celui des autres euphones. Le bandeau jaune du front est finement bordé de noir en des ous, à toucher les narines.

11e année.

Paris. — Jeudi, 11 Juillet 1844. N° 3

(6e article.)

56.

XXXIII *Tanagra montana*, d'Orbig., Voy. en Am., pl. 23, f. 1.

57.

Cette riche et belle espèce de Tangara se trouve bien figurée dans le voyage de M. d'Orbigny. Toutefois l'individu de M. Abeillé diffère de l'espèce type par quelques particularités de coloration dans le manteau, qui est uniformément gros bleu à partir de la calotte noire ; par son bec entièrement noir. Ce tangara a le bec fortement denté, la tête d'un noir profond, le dos gros bleu glacé et métallisé, les parties inférieures d'un jaune brillant et les plumes tibiales noires et soyeuses. Le tan ara de montagne a la taille d'un merle commun.

XXXIV. *Tanagra* (*aglaïa*) *cyanicollis*, d'Orbig., pl. 25, f. 1.

Cette jolie espèce, de petite taille, a été très bien figurée par M. d'Orbigny. Elle est est remarquable par la suavité des teintes qui colorent sa livrée, variée de bleu céleste, d'aigue-marine, de vert glauque et de noir velours. Le bec et les tarses sont noirs.

XXXV. *Tanagra* (*saltator*) *eximia*, Boiss., *Rev. zool.*, 1840, p. 66.

Ce beau tangara de la Colombie nous paraît appartenir à la tribu des *saltator*. Il est remarquable par les riches couleurs qui teignent son plumage à reflets lustrés et métallisés sur la teinte azur de la tête et du cou, du bas-dos et des épaules. Le dos est vert pré, le devant du cou et le thorax noir velouté, le corps jaune d'or La queue est noire, mais les ailes sont barrées de vert dans le haut, et les deuxièmes rémiges également bordées de vert ; les autres sont noir lustré. Sa taille est celle d'une petite grive et ses formes sont robustes.

XXXVI. *Tanagra* (*aglaïa*) *labradorides*, Boiss., *Rev. zool.* 1840, pl. 67.

Jolie petite espèce parfaitement décrite par M. Boissonneau, et qui vit à la Colombie. Nous ajouterons seulement à sa description la particularité omise par M. Boissonneau, c'est-à-dire que le bas du dos, le croupion et les couvertures supérieures de la queue sont d'une nuance aigue-marine des plus vives.

XXXVII. *Tanagra* (*aglaîa*) *diva*, Lesson sp. n.

Nous avons relu les descriptions des nombreuses espèces décrites dans ces derniers temps, sans rencontrer d'indication qu'on puisse rapporter au joli oiseau que nous nommons *diva*.

Cet aglaia n'a que deux couleurs, du bleu azur glacé, et comme métallisé, et du noir velour. Tout le corps, une seule artie exceptée, le front, est de ce bleu lustré, un petit bandeau noir velouté, très étroit, sépare les plumes du front et va jusqu'aux yeux. Les ailes et la queue sont d'un beau noir velouté ; seulement les ailes ont une barre bleue due à ce que les pennes moyennes sont frangées d'azur et les rectrices externes ont elles-mêmes une bordure bleue ; le bec et les tarses sont noirs. Cet oiseau mesure au plus 12 centimètres. Il provient probablement de la Colombie.

XXXVIII. *Tachyphonus elegans*, Less., sp. n.

Au premier aspect on prendrait cet oiseau pour le *tachyphonus flavinucha*, de d'Orbigny (pl. 21, f. 1) ; mais après un examen plus soigneux, on reconnaît évidemment des différences.

Ce tachyphone, long de 18 centimètres, a le bec noir, les tarses bruns, tout le dessous du corps d'un riche jaune d'or. La tête, le cou, le haut du manteau sont d'un riche noir velours. Une large plaque jaune

58.

d'or naît sur l'occiput, descend sur la ligne médiane du cou et s'épate en demi-cercle sur le bas du cou. Les ailes ont leurs épaules bleu azur, les pennes noir velours ; mais les primaires sont frangées du plus riche azur. La queue elle-même est noire, avec des bordures bleues sur leurs bords externes.

Jusque-là toutes ces nuances sont celles du *t. flavinucha.* Ce qui est propre à notre espèce est le vert pré du manteau et du dos, passant au vert clair sur le croupion et sur les tectrices supérieures.

Cette coloration des parties supérieures ne peut appartenir a une femelle et encore moins à jeune mâle non adulte.

Ce tachyphone vit également dans la Colombie.

11e année.
Paris. — Dimanche, 14 Juillet 1844. N° 4

(7e article.)

80.

XXXIX. *Arremon pallidinucha*, Boiss., *Rev. zool.*, 1840, p. 68.

L'oiseau de M. Abeillé provient de la Colombie, et comme la description de M. Boissonneau laisse à désirer, nous le décrirons de nouveau.

Cet arremon mesure 15 centimètres de longueur totale. Son bec est brun-noir et les tarses sont de nuance carnée. Le plumage brun-ardoisé et olivâtre sur le corps est relevé par le brun-noir du dessous du cou et des côtés de la tête, sur lesquels tranche une plaque d'abord jaune à la naissance du bec, puis modéré sur le sinciput. Cette plaque se rétrécit sur l'occiput en une ligne blanche qui descend sur la ligne médiane du cou. Tout le dessous du cou à partir du menton est jaune, nuancé de couleur olive sur les côtés du thorax et le bas-ventre. Les ailes et la queue sont brun-olivâtre.

Cet oiseau fait le passage des *arremon* aux *nemosia*, et peut-être ferait-on bien de réunir ces deux genres, assez difficiles à ne pas confondre.

XL. *Iridosornis rufivertex*, Lesson, genre nouveau.

Le type de ce genre, bien distinct dans la tribu des tangaras, a été décrit par M. Florent Prévost sous le nom d'*arremon rufivertex* (*Zool. de la Vénus*, et *Revue zool.*, 1842, p. 335).

Cet oiseau n'a rien des *arremon*, ni la coloration du plumage, ni les caractères du bec, des ailes et de la queue. C'est un type net et tranché, voisin des aglaïa et conduisant des tangaras aux pie-grièches ; son bec et même exclusivement celui d'une pie-grièche.

Les caractères de ce petit genre seront : un bec comprimé sur les côtés, convexe, à mandibule supérieure recourbée, très crochue à la pointe, masqué d'une dent forte, à bords lisses. La mandibule inférieure très aiguë au sommet et échancrée sur les côtés, des soies à la commissure ; narines entièrement cachées par des plumes frontales retombantes ; ailes atteignant le milieu de la queue, à première penne courte, les troisième, quatrième, cinquième et

81.

sixième égales et les plus longues ; queue médiocre, arrondie, à pennes légèrement acuminées au bout ; tarses médiocres, à scutelles peu apparentes ; ongles recourbés, très comprimés. Nidification ? œufs ? mœurs ? plumage à vive coloration et à reflets métallisés.

L'iridosorne à nuque mordorée, mesure 14 centimètres. Il a la taille d'un tangara septicolor. Son bec est noirâtre et ses tarses brun-carné. Un noir-velours teint le front, les joues et le cou dans son entier. Ce noir est coupé par une large plaque mordorée, à éclat vif et lustré, qui règne depuis le rebord noir du front jusqu'au haut du cou. Une large ceinture bleue à reflets d'indigo traverse le thorax, et ce bleu s'étend sur les côtés du corps en se mêlant au noir du ventre. Les couvertures inférieures de la queue sont d'un rouge ferrugineux intense. Le manteau et les épaules sont de ce même bleu luisant du thorax. Le bas du dos est noir glacé de bleu. Les ailes et la queue sont noires, avec du bleu sur les couvertures moyennes et du bleu sur le bord externe des rémiges et des rectrices externes.

Cet oiseau est de la Bolivie.

XLI. *Lamprotornis morio*, Vigors et Horsf., tr. linn., xv, 260. La courte phrase des auteurs anglais est celle-ci : *L. corpore toto nigro, metallice subnitente rostrum pedesque nigri. Longitudo corporis* 9 1/4.

Notre stourne ressemble beaucoup à celui nommé *obscurus* par M. Dubus, bien voisin du *zélandais*, de Quoy et Gaimard (Astr. pl. 9), et nous le regardons comme le *morio* avec le plus grand doute ; mais la phrase de MM. Vigors et Horsfield est si brève que ce rapprochement ne peut être fait qu'avec incertitude.

L'oiseau de la collection Abeillé a le bec assez recourbé et légèrement crochu a la pointe. Il est noir tandis que les tarses sont brun rougeâtre. La queue est parfaitement égale et les ailes en atteignent la partie moyenne.

Tout le plumage de cet oiseau est d'un brun-gris glacé ou sériceux. Or, le plumage du *morio* est totalement noir, au dire de MM. Vigors et Horsfield, et il reste à savoir si par cette épithète ils entendent ce brun-gris uniforme.

Toutefois les parties supérieures, telles que la tête, le cou et le thorax sont d'un brun plus foncé, glacé de vert doré. Des nuances plus affaiblies de même vert doré apparaissent sur le dos et sur le croupion.

Les plumes de l'occiput sont légèrement lancéolées, les ailes et la queue sont d'un brun clair ou légèrement lavé de roux peu sensible et d'une teinte mate.

Si, comme nous le pensons, cet oiseau diffère du *morio* qui est si incomplètement caractérisé, nous le désignerions par l'épithète spécifique de *lamprotornis nigroviridis.*

Cet oiseau provient de l'Australie.

11e année.

Paris. — Jeudi, 18 juillet 1844. No 5

(8e article.)

110.

XLII. *Gallirex anaïs*, Lesson, sp. nov.

L'oiseau nouveau que nous décrivons est une admirable espèce d'une famille qui compte de très remarquables et qui s'est enrichie dans ces derniers temps de plusieurs types fort curieux.

La famille des *musophagies* comprend, 1o le genre *turacus* de Cuvier, ou *corythaix* d'Illiger, ayant 6 espèces, les *corythaix persa*, Vieillot ; *Buffonii*, Vieill. ; *erythrolophus*, Vieill. ; *macrorhynchus*, Fraser : *porphyreocephala*, Vigors, et *leucotis*, Ruppell. 2o Le genre *musophaga* d'Isert, qui n'a que le *m. violacea.* 3o Le genre *gallirex* de moi, ayant 2 espèces, le *musophaga gigantea* de Vieillot, et l'espèce nouvelle décrite dans ce catalogue. 4° Le genre *chizœrhis* de Vagler, ayant 5 espèces divisées en trois sections, les *c. variegata*, Wagl. ; *zonurus*, Ruppell. ; *concolor*, Smith, *leucogaster*, Ruppell ; et *personata*, Ruppell.

Le genre *gallirex* s'éloigne peu de celui appelé *corythaix*. Cependant il en diffère en ce que le bec a sa mandibule supérieure plus haute, plus connexe, ayant les nari-

111.

nes nues et percées plus près de sa pointe que de sa base. Le cou est plus allongé, les ailes dépassent à peine le croupion ; la queue est longue, deltoïdale, large au sommet ; une huppe recouvre la tête, les bords des mandibules sont lisses ou dentelées ; le pourtour de l'œil nu.

Le *corythaix* ou *gallirex anaïs*, que j'ai dédié à ma fille si cruellement enlevée à ma tendresse, est un magnifique oiseau. Une huppe comprimée, élevée, forme sur le sommet de la tête une sorte de cimier tronqué en avant. Cette huppe est à la naissance, ainsi que les plumes du front, des joues, des oreilles, du plus riche vert doré ; mais presque dès sa base cette même huppe, qui descend jusqu'au milieu du cou, est du plus sompteux bleu-violet métallisé.

Le devant et les côtés du cou sont vert-clair. Ce même vert colore le dos, les épaules, le thorax et le haut du ventre ; mais il prend une forte nuance rousse sur le milieu du dos et une teinte rouge sur la poitrine. Le milieu du dos, le croupion et les couvertures supérieures de la queue sont bleu-noirâtre à reflets métallisés. Les flancs, le ventre, les plumes tibiales et les couvertures inférieures de la queue sont d'un brunâtre parfois lustré sur certaines parties de la plume, surtout au bord et au sommet.

Les ailes courtes et concaves aux quatre premières pennes étagées et plus courtes que les cinquième, sixième et septième qui sont égales, sont du plus riche bleu-violet métallisé dans le haut, seulement les pennes secondaires sont d'un bleu-vert, et les rémiges noires ; mais ces mêmes rémiges, à partir de la deuxième, ont leurs bords externes et internes d'un rouge-violet des plus fulgides et à mesure qu'on s'éloigne du bord de l'aile le rouge s'augmente, de manière que les dernières pennes rémigiales bleues-noires dans leur première moitié sont totalement rouges, le rachis et leur pointe exceptés qui restent bruns.

La queue ample et* formée de larges rectrices du plus riche bleu métallisé, prenant sur les pennes latérales des reflets vert-brillants. En dessous elle est d'un noir ondé de noir plus intense.

Cet oiseau a 42 centim. de longueur totale. Le bec est robuste, bordé de fortes dents à la mandibule supérieure, ce qui annonce qu'il se nourrit principalement de fruits à noyaux. Il est noir, ainsi que les tarses.

XLIII. *Francolinus nivosus*, Delessert, Mag. de zool., 1840, pl. 18 ; *ib.*, Rev. zool., 1840, p. 100.

Cette espèce du continent indien appartient au genre *ithaginis* de Wagler, et c'est l'*ithaginis lunulatus* de Gray, et aussi la *perdix hardwickii* de Gray, pl. 39 de sa zoologie indienne. Cet oiseau est remarquable par la manière dont il est émaillé. La tête, le cou sont gris émaillé de blanc, le dos est couleur de tabac d'Espagne, semé de gouttes blanches encadrées de noir. Le thorax et le ventre de couleur nankin, sont semés de taches noires triangulaires ; le bas-ventre, les flancs sont de même nuance que le dos, avec des barres blanches encadrées de noir ; le bec et les tarses sont de couleur plombée. Cet oiseau mesure 30 centim. ; il vit aux environs de Pondichéry.

XLIV. *Platycercus cœlestis* Lesson, sp. nov.

Vingt-trois espèces de perruches laticau-

112.

des sont connues et celle-ci sera la vingt-quatrième. Je n'en ai point trouvé la description dans les ouvrages anglais à ma disposition. Cette belle et rarissime espèce doit prendre place à côté de l'omnicolore, dont elle a les formes et le même système de coloration dans son plumage, bien que les couleurs soient autres.

On ignore de quel point de la Nouvelle-Hollande provient la *platycercus cœlestis* qui mesure 32 centim. Son bec est blanc, bleuâtre dans le haut, les tarses sont noirs.

Un jaune serin très frais et sans taches recouvre la tête, l'occiput et le haut des joues. Le bas des joues et le gosier sont blancs, lavés de bleuâtre sur les côtés du cou ; le dessus du cou, à partir de l'occiput, le dos, les couvertures des ailes ont leurs plumes noires largement bordées de jaune d'or. Le bas du dos et les couvertures supérieures de la queue sont d'un vert aigue-marine glaucescent ; tout le dessous du corps, depuis le milieu du cou en avant, le thorax, les flancs, le bas-ventre et la rétion anale sont d'un glauque lavé de bleu azur. Les couvertures inférieures de la queue sont d'un rouge de sang.

Les ailes ont leurs couvertures variées de bleu-clair, de bleu-noir et de quelques plaques noir mat. Les secondaires sont brunes et largement frangées de vert, puis de glauque ; les rémiges, fortement échancrées sur leurs bords, sont brunes avec un rebord bleu-lapis dans le haut. La queue, formée de rectrices étagées, a les quatre pennes moyennes brunes bordées de bleuâtre. Les latérales sont bleues dans leur première moitié, blanc-bleuâtre à leur extrémité et terminées de blanc.

11e année.

Paris. — Dimanche, 21 juilllet 1844. No 6

(9e article.)

126.

XLV. *Trichoglossus* (*psittacus*) *cruentus*, Lesson, sp. nov.

La jolie perruche nouvelle que nous décrivons est bien différente des cinq espèces admises par les auteurs et des dix *nanodes* ou *euphema*, qui ont été décrites.

Long de 33 centim., cet oiseau a le bec d'un noir luisant et les tarses de même couleur. Son plumage est vert, mais avec des nuances différentes : ainsi il est vert foncé sous le dos et sur les ailes, vert-jaune sur le cou, vert plus clair nuancé de rouge sur le croupion, vert gai sur les couvertures supérieures de la queue. Le devant du cou est verdâtre ; mais ce vert général est çà et là relevé par du rouge de sang. Le front et un large trait sur les joues et sur les oreilles est rouge fulgide. Ce rouge s'affaiblit et devient aurore sur le sommet de la

127.

tête, et du rougeâtre terne se mêle au vert

du menton et du cou, s'étend sur le devant du cou, sur le thorax et devient rouge de sang sur le ventre et sur les flancs. Le bas-ventre, la région anale et les couvertures inférieures sont d'un vert pré assez uniforme.

Le bas du dos est aussi rouge de sang, puis les couvertures supérieures sont d'un vert moins foncé que celui du dos.

Les ailes sont d'un vert franc et lustré. Une bande bleue indigo masque le milieu. Les rémiges, bleues à leur première moitié, sont noires, excepté leur bord externe qui est encore bleu indigo.

Les rectrices étagées, raides et atténuées à la pointe, sont vert glacé de jaune sur les pennes médianes, vertes, terminées de bleu indigo sur les latérales. Toutes sont en dessous jaune glacé d'or, puis brunes à leur terminaison.

Le pourtour de l'œil est dénudé ; le dedans des ailes est vert au rebord de l'épaule, puis rouge de sang.

On ignore la patrie de cette belle perruche.

XLVI. *Arara prasina*, Less., sp. nov.

Le bec est fort, gros, bombé, entièrement blanc ; le pourtour de l'œil est complètement dénudé ; les tarses sont courts, faibles, aréolés ; la queue est moyenne, à pennes allongées, lancéolées, étroites.

Cette perruche ara mesure 33 centim.

de longueur totale. Son plumage est vert, vert foncé sur le corps, vert jaune en dessous ; le vert de la nuque et du dessous du cou est émaillé de noir par ondes ; les rémiges elles-mêmes sont en dehors vertes, mais en dedans elles ont une bordure brune, puis leurs barbes jaune nankin ; leurs tiges sont d'un beau noir lustré.

Le vert du plumage de cet oiseau est relevé par un point rouge de cinabre derrière les yeux ; un même point rouge borde les plumes tibiales, et le rebord des ailes est d'un rouge de feu très éclatant ; les ailes en dedans et la queue en dessous sont d'un jaune plus ou moins vif, très glacé et pur sous les ailes, mêlé de brun sous les rectrices.

Les barbes sont noires.

On ignore la patrie de cet oiseau.

XLVII. *Nettapus bicolor*, Less., sp. n.

Les cinq espèces de *nettapus* ou *microcygna* forment une tribu très naturelle dans la grande famille des *anatidées* ou canards. La Nouvelle-Hollande a le *nettapus pulchellus* décrit par Gould; et la sixième espèce que nous ajoutons à ce petit genre vit aussi dans l'Australie et se rapproche de celle de M. Gould, bien que distincte. Toutefois l'individu que nous décrivons pourrait bien être du sexe féminin.

Le *nettapus bicolor* a la taille et les formes de la sarcelle de Madagascar ou *netta-*

pus auritus. Sa longueur totale est de 36 centim. ; ses tarses sont nus au-dessus du talon et très noirs ; le bec, si caractéristique dans ce petit genre, est blanchâtre en dessus avec des maculatures vertes sur le bord de la mandibule supérieure à la base ; la mandibule inférieure est jaunâtre.

La tête, le cou, les joues, le gosier sont d'un blanc tiqueté de gris, mais le blanc est presque pur sur le menton, et une large calotte brun-vert recouvre la tête et descend sur le haut du cou ; un trait noir traverse la joue en passant sur l'œil, et se trouve bordé dans le haut d'un sourcil blanc tiqueté de gris.

128.

Le dessus du corps à partir de la ligne médiane du cou, le dos, les ailes sont d'un brun glacé de vert luisant, mais peu intense. Toutes les pennes secondaires se trouvent terminées de blanc, ce qui forme sur l'aile, quand elle est ouverte, une bande neigeuse. Ces rémiges sont brunes, terminées à leur pointe de gris.

Le croupion est gris tiqueté finement de brun. Les couvertures supérieures de la queue sont grises tiquetées.

Le devant du cou et le thorax sont variés de gris et de roussâtre, mais les rayures fines, serrées et nombreuses coupent transversalement ces parties. Le thorax, le ventre, les flancs sont blanchâtres, ondés de roussâtre et de gris brun. Le gris brun est plus intense sur la région anale, et les couvertures inférieures de la queue sont rousses à leur base et blanches au sommet ; les flancs sont largement ondés de blanc et de gris.

Les tarses sont noirs.

Cet oiseau habite la Nouvelle-Hollande.

XLVIII. *Malacorhynchus iodotis*, Less., sp. n.

Les deux canards à bec largement membraneux aux bords, l'un de la Nouvelle-Zélande et l'autre de la Nouvelle-Hollande, forment deux petits genres. Le premier est le type du genre *hymenolaimus*, de Gray, et le second du genre *malacorhynchus* de Swainson. Ce dernier n'avait eu jusqu'à présent qu'une espèce, l'*anas membranacea* de Latham. Nous ajoutons une deuxième espèce, bien voisine de la précédente, mais remarquable par les deux taches violettes circonscrites placées sur les oreilles.

Le malacorhynque à oreilles violettes habite la Nouvelle-Hollande. Il est à peu près de la grosseur de la sarcelle d'été de France et mesure 37 centim. du bout du bec à l'extrémité de la queue. Le bec et les tarses sont noirs, mais la mandibule inférieure du premier est jaune en dessous.

Le front et tout le pourtour du bec est gris-blanc. Une plaque gris-brun recouvre le sinciput. Une large plaque brune occupe les joues et encadre les yeux ; toutefois un cercle blanc forme un rebord à la paupière en dessous. La tache violette ou de nuance d'iode marque l'angle, sur les oreilles, de la plaque brune des joues à celle du sinciput qui se continue sur la ligne moyenne du cou.

Le cou est gris, finement vermiculé et linéolé de brun, et à mesure qu'on avance vers le thorax, le haut du ventre et les flancs, les rayures deviennent plus régulières et plus manifestes. Ce sont des bandelettes brunes ou noires légèrement ondulées, et qui sur les flancs et les côtés du bas-ventre deviennent de larges bandelettes noires. Le croupion est brun, coupé par une barre blanche.

Les ailes et le milieu du dos sont gris-brun ; les pennes alaires sont brunes, les rémiges secondaires sont terminées de blanc.

La queue courte et conique est brune, mais les couvertures inférieures épaisses sont rousses. Le milieu du ventre est blanc pur ou sans taches.

Le dedans des ailes est blanc barré ou rayé noir.

11e année.
Paris. — Jeudi, 25 juillet 1844. N° 7

(10e article.)

155.

XLIX. *Anas...*

L'individu que nous a communiqué M. Abeillé est une femelle que nous avons été tentés* de rapporter à l'*anas superciliosa* de Latham (n° 5), qui vit à la Nouvelle-Zélande ; toutefois des doutes assez fondés nous font hésiter à regarder notre oiseau comme identique avec le canard à sourcils.

Notre espèce appartient donc au groupe des *querquedula*, et a la taille de notre sarcelle d'Europe. Le bec et les tarses sont noirs ; le dessous de la tête est varié de gris et de brunâtre assez intense ; le front, les joues sont ponctués de gris-brun sur un fond gris roussâtre ; le devant du cou est presque blanc, tout le dessus du corps est

156.

brun, mais chaque plume est cerclée de roux clair. Tout le dessous du corps est roux avec des ondes brunes, dues à ce que les plumes sont brunes, mais frangées de blond ou de roux sur le thorax, les épaules, le bas du cou. Les couvertures des ailes également brunes sont liserées de blond à leur bord, les épaules sont brunes, la portion moyenne de l'aile présente deux bandes obliques d'un blanc pur, encadrant une plaque noir-velours assez large, relevée à son centre par une tache vert-doré émeraude très chatoyante. La queue légèrement conique, à pennes aiguës, est brune au-dessus et d'un blond clair en dessous. Les tarses sont rouge-brun. On ignore sa patrie.

L. *Turdampelis lanioides*, Lesson, g. et sp. nov.

L'oiseau qui sert de type à notre nouveau genre est remarquable en ce qu'il a des caractères qui le rapprochent des merles, des piauhaus et des pie*-grièches. Notre description repose sur deux individus bien complets, provenant l'un et l'autre du Brésil.

Le cotingatourde a presque tous les caractères de notre genre *tijuca* (*chrysopteryx* de Swainson), près duquel on devra le placer. Il devra recevoir l'espèce nommée *cotinga cendré* par Levaillant, et l'oiseau que nous décrivons ressemble même beaucoup au cotinga cendré, tel qu'il est figuré à la pl. 44 des oiseaux d'Amérique de Levaillant.

Toutefois notre espèce est distincte et ne permet pas qu'on la réunisse aux cotingas. C'est un oiseau de transition qui joint au bec d'une pie-grièche et d'un cotinga le plumage de certains merles, et les tarses faibles et grêles des piauhaus.

Placé près du genre tijuca, le genre *turdampelis* a pour caractères : bec plus court que la tête, large à la base, à arête vive en dessus, à pointe dentée et crochue, mandibule inférieure très aiguë au sommet, narines basales, creusées dans une fosse profonde, revêtues de plumes, mélangées de soies noires et raides, allant jusqu'à la commissure. Ailes courtes, ne dépassant pas le croupion, à première penne moins longue que les deuxième, troisième, quatrième et cinquième qui sont égales et les plus longues. Queue allongée, égale, formée de rectrices larges ; tarses courts, grèles*, faibles, emplumés jusqu'au-dessous de l'articulation. Le reste comme chez les passereaux de la même famille.

Ce genre, exclusivement américain, comprend le cotinga cendré, qui sera le *turdampelis cinereus*, et l'espèce nouvelle que nous nommons *turdampelis rufococcix*, Lesson. La première espèce de la Guyane, la seconde du Brésil.

L'oiseau qui nous occupe, le turdusampelis à coccix roux, mesure 29 centim. de longueur totale. Tout le plumage sur le corps est brunâtre ardoisé sur la tête, brunâtre roux sur le dos, les ailes, le croupion, tirant au roussâtre sur la queue. Une sorte d'écharpe rousse traverse l'aile. Les rémiges sont noires, mais un léger liséré roux les borde.

Le gosier est bleuâtre ou de nuance ardoisée, puis un brunâtre roux règne sans partage sur le bas du cou, la poitrine et le ventre. Le bas-ventre et les couvertures inférieures sont d'un rouge assez vif.

Le dedans des ailes tire au gris glacé très luisant ; c'est aussi la nuance du dessous de la queue. Les rachis de celle-ci

157.

noir velouté en dessus sont gris satiné en dessous. Les tarses sont bleuâtres et le bec est noir, excepté à la base de la mandibule inférieure qui est jaune.

J'ignore le district du Brésil où vit plus particulièrement cet oiseau, dont les analogies avec le cotinga gris sont des plus grandes. Serait-ce l'individu femelle d'une espèce riche en couleurs et encore inconnue ?

LI. *Turdus* (*merula*) *fuscater*, d'Orbig., *Am.*, pl. 9, f. 1.

Ce merle de la Colombie ressemble assez exactement à notre merle de France dont il a la coloration et les formes, mais qu'il surpasse de près d'un tiers dans la taille. Toutefois son plumage est loin d'avoir ce noir luisant de l'espèce d'Europe. Il est teint par un noir olivâtre sur le corps qui passe au brun olivâtre clair sur les parties inférieures. Son bec et ses tarses sont du plus beau jaune doré.

LII. *Seiurus colombianus*, Lesson, sp. nov.

Les grivelettes types du genre *seiurus de* Swainson forment un petit groupe américain que l'on ne peut se dispenser de séparer des véritables grives de petite taille, bien qu'il y ait une sorte de passage de ces oiseaux. Les séiures sont en effet le lien qui unit les motacillées aux turdusidées.

Nous connaissons aujourd'hui les *seiurus aurocapillus*, *sulfurascens*, *l'herminieri*, *guadelupensis* et *tenuiroslris*. Notre espèce sera la dixième de ce genre, et nous la nommerons *seiurus columbianus*.

L'oiseau que nous avons sous les yeux mesure 15 centim. Sa taille est celle d'une alouette commune. Son bec, un peu plus épais que chez quelques autres espèces, est noir en dessus, jaune en dessous. Un olivâtre uniforme règne sur la tête, le cou, le dos, le croupion, les ailes et la queue. Un petit trait roux borde le front.

Le devant du cou, jusqu'à la poitrine, est roux-jaune émaillé de gouttelettes olivâtres ou brunes. Le thorax, le ventre et les couvertures inférieures sont d'un blanc pur ; seulement les flancs et les côtés de la poitrine sont olivâtres. Les tarses sont jaunes.

Les ailes qui atteignent la moitié de la queue ont leurs rémiges brunes bordées de roux. Elles sont jaune-chamois en dedans et à l'épaule.

LIII. *Conirostrum columbianum*, Less., sp. nov.

L'espèce que nous décrivons, et qui est la sixième du genre, a les plus grands rapports avec le *conirostrum fuliginosum* décrit au nº 28 de ce catalogue ; toutefois son bec est plus épais, plus fort et plus régulièrement conique. Ce bec simule déjà un bec de bruant, mais atténué, mais plus effilé. Le conirostre de la Colombie est entièrement brunâtre, mais ce brunâtre plus foncé sur le corps et plus clair en dessous, est nuancé d'olivâtre sur le dos, sur la tête et sur les ailes. Le brunâtre du dessous du corps est sale, ardoisé ou lavé sur le thorax d'une nuance olive. Le bec est de couleur corné noirâtre ; les tarses sont rougeâtres ; les ailes sont olivâtres avec une bande ardoisée aux épaules ; toutes les pennes alaires sont brunes avec une bordure olive au rebord de chaque penne ; la queue, médiocre, est brune.

Ce petit oiseau a au plus 11 centim. (4 p., 4 lig.). Il provient de la Colombie, ainsi que l'indique son nom spécifique. C'est un oiseau identique avec le conirostre fuligi-

158.

neux au premier examen et par son facies général, seulement son bec fort et conique pourrait le faire placer parmi les emberizoïdes à bec fin.

LIV. *Conirostrum bicolor*, Lesson, sp. nov.

Ce conirostre sera la septième espèce du genre. Il a son bec parfaitement conique, grêle, pointu, très acéré ; les ailes courtes ou dépassant à peine le croupion ; la queue est allongée et égale, les tarses sont noirs et le bec corné et bleuâtre. La longueur totale est 12 centim.

Un roux fort vif colore le front et tout le dessous du corps, et règne sans partage depuis le menton jusqu'aux couvertures inférieures de la queue. Ce même roux, mais plus brun, forme un bandeau sur le front et sur les yeux et s'étend sur les côtés du cou. Tout le dessus du corps est d'un bleu ardoisé uniforme.

Les ailes sont ardoisé-clair, et les couvertures sont frangées de roussâtre ou même de blanc. Les pennes primaires brunes sont très finement frangées d'un liseré gris-clair. Les rectrices sont brunes, et les plus externes sont liserées de blanc, mais ce liséré est peu marqué.

Le conirostre bicolore vit aussi dans la Colombie. C'est un oiseau de la taille ou plus petit que notre rouge-gorge.

11e année.
Paris. — Dimanche, 28 juillet 1844. No 8

(11e article.)

182.

LV. *Acanthisitta tenuirostris*, La Fren*., *Mag. de zool.*, 1812, pl. 27.

Le petit oiseau de la Nouvelle-Zélande a été bien figuré par M. de La Frenaie*.

LVI. *Cinnycerthia* cinnamomea*, Lesson, g. et sp. nov.

L'oiseau qui sert de type au genre cinnycerthie tient à la fois des sucriers, des grimpereaux, des cœreba et des troglodytes américains. Par son bec, c'est un sucrier ou un cœreba ; par ses tarses, c'est un grimpereau ; par sa coloration, son port, il est presque semblable au *certhia cinnamomea* de Cayenne, type de notre genre *certhiaxis*, mais il n'a pas le sommet des rectrices usé ou formant pointe ; enfin il a des troglodytes, ces barres brunes transversales qui raient les ailes et la queue. Il s'éloigne des cœreba par son plumage à teintes mates et par sa queue étagée. Plusieurs des synnalaxes* de la Bolivie, l'*unirufus* entre autres, pourraient appartenir à ce petit groupe.

Caractères. — Le bec est médiocre, légèrement dilaté à la base, atténué à la pointe qui est aiguë, un peu infléchie, à bords lisses, à narines largement ouvertes dans une fosse triangulaire. Ailes courtes, concaves, à première rémige rudimentai-

183.

re ; les deuxième et troisième étagées et plus courtes que les quatrième, cinquième, sixième et septième qui sont égales. Queue assez longue, à pennes larges, arrondies au bout, étagées ; tarses moyens, assez longs, à pouce robuste, armé d'un ongle plus robuste que ceux des doigts de devant qui sont presque égaux, ou le doigt du milieu dépassant à peine les deux latéraux.

Le cinnycerthie de couleur canelle* mesure 14 centim. Son bec et ses tarses sont noirs ; tout l'oiseau est coloré en roux-canelle* plus clair sur les parties antérieures, telles que la tête, le cou et le haut de la poitrine, plus foncé et tirant au tabac d'Espagne en arrière, sur les ailes et sur la queue. Les rémiges brunes en dedans sont rousses en dehors, mais rayées en travers de petites barres noires. La queue elle-même, uniformément rouge-canelle* en dessus comme en dessous, présente une rayure régulière brune, mais très peu marquée et qu'il faut examiner avec soin.

Cet oiseau vit dans la Colombie.

LVII. *Charadrius* (*hiaticula*) *ruficapillus*, Temm., pl. col. n. 47, f. 2.

L'individu de la collection de M. Abeillé est une femelle, ayant le roux de la tête mélangé de beaucoup de gris, le dessus du corps gris tendre nuancé de roux. Toutes les parties inférieures sont d'un blanc de neige. Le reste comme dans la figure citée. Ce pluvier vit dans l'Océanie suivant Temminck. L'individu placé sous nos yeux n'a aucune indication d'habitation.

LVIII. *Lobipes hyperboreus*, Cuv.; *phalaropus lobatus*, Lath.; *tringa lobata*, Gm.; Edw., gl. pl. 308 ; Temm., man., t. 2, p. 712 (*phalaropus phatyrhyncus*).

Les individus qui proviennent du Chili sont assez uniformément en plumage d'hiver. J'en ai vu plusieurs revêtus de la même livrée, c'est-à-dire ayant le dessus de la tête gris de perle, le cercle noir qui part des yeux et contourne l'occiput, pour descendre sur le milieu du cou, variant en intensité et mélangé de grisâtre. Le dos gris avec des flammèches noires et brunes éparses ; le devant du corps, du cou, le thorax blancs avec des maculatures de couleur rouille. Le milieu du ventre est d'un ferrugineux mélangé de blancheur ; il en est de même des couvertures inférieures de la queue. Les flancs sont mélangés de gris et de blanchâtre avec quelques flammèches brunâtres. Le croupion a des flammèches d'un beau roux et des plumes d'un blanc pur.

Les ailes aussi longues que la queue sont brunes ; un rebord blanc des tectrices forme une écharpe étroite blanche sur le milieu de l'aile. La queue conique est composée de rectrices brunes à rachis blancs et les rectrices latérales sont bordées de blanchâtre.

Les tarses sont jaunes, mais les articulations et les ongles sont noirs ; les lobes de la membrane interdigitale sont séparés et dentelés sur les bords.

Le bec a bien la forme aplatie qu'indique M. Temminck. Ce bec est spatuliforme, c'est-à-dire élargi et arrondi à son extrémité. Il est brun en dessus et jaune en dessous, à la base. Les deux sillons des narines se prolongent presque jusqu'à sa pointe. Il n'est pas comprimé à sa pointe, ainsi que l'indique M. Temminck à sa deuxième section (Manuel, 2, p. 712).

Je serais assez porté à faire de l'espèce du Chili une espèce distincte qui recevrait le nom de *lobipes antarcticus*. L'oiseau que

184.

nous décrivons vient en effet du Chili. Il nous paraît avoir des caractères propres, tirés de la forme du bec, de celle des lobes des doigts et de quelques particularités de sa coloration insolite aux livrées de l'espèce hyperboréenne.

LIX. *Myzomela rubrater*, Less., *dicœum atripes*, Vieill. ? *certhia rubra*, Lath.

Ce petit oiseau à plumage fulgide paraît répandu dans toutes les îles de la mer du

Sud. L'individu de M. Abeillé provient d'O-Taïti ; mon frère me l'a rapporté des îles Sandwich. Je l'ai observé à Oualan. MM. Quoy et Gaimord* l'ont rapporté des îles Mariannes.

Le bec est noir, la tête et le cou sont du rouge cramoisi le plus intense ; tout le corps est rouge, mais mélangé à beaucoup de brun ; le ventre est brunâtre et seulement rouge au milieu ; les couvertures inférieures de la queue sont blanches. Les ailes sont brunes, mais les tectrices et le rebord des pennes moyennes sont rouges ; la queue est noire. Ce petit sucrier mesure 12 centim. Ses tarses dans l'état de vie doivent être brun rougeâtre ou carné.

LX. *Caculus* lineatus*, Sh. Birds of w. af, t. 2, p. 178, pl. 18.

M. Swainson a donné une excellente figure du mâle de cette espèce, et sa description est exacte ; mais M. Abeillé m'a communiqué la femelle que n'a pas connu l'auteur anglais.

Les deux sexes ont le bec jaune à la base, noir à la pointe ; les tarses et les ongles jaunes, tout le dessus du corps gris-bleu ardoisé, la queue brune avec des maculatures blanches.

Le mâle a le cou et le thorax gris ; la femelle a ces parties gris-mélangé de roux assez foncé sur le thorax. Le mâle a le ventre, la poitrine et les couvertures inférieures grises barrées de brun. La femelle a ces mêmes régions vertes avec des rayures horizontales très espacées et très fines brunâtres. Les couvertures inférieures sont blanc jaunâtre unicolores. La queue du mâle est brune, avec des larmes plus ou moins larges au milieu sur le rachis et espacées avec régularité. La femelle a ces mêmes larmes plus rapprochées, mais en même temps bordées de noir. Les pennes caudales sont grises en dessus, barrées de noir et oculées de blanc au sommet. Les rectrices latérales sont zizaguées* de noir et de blanc pur, et terminées de noir.

La femelle diffère donc notablement du mâle et par ses parties antérieures et par sa queue. A examiner ces parties seules, on serait tenté de créer une espèce distincte.

Ce coucou rappelle tout à fait les formes du coucou commun. Les individus étudiés par nous provenaient de la Gambie.

11e année.

Paris. — Jeudi, 1er Août 1844. N° 9

(12e article)

203.

LXI. *Malurus Lamberli*, Vig. et Horsf., tr. Linn., XV, p. 221.

Les auteurs anglais rapportent à cette espèce le *superb warbler* de White, figuré au bas de la planche placée à la page 256 du texte anglais. La figure de White est plus que médiocre, et ne rend aucunement la beauté des couleurs de cette espèce.

La description de Vigors et Horsfield laisse elle-même à désirer, et c'est ce qui nous porte à donner une nouvelle diagnose de ce bel oiseau. Un masque bleu aigue-marine s'étend depuis le front jusqu'à l'occiput en prenant une nuance brunâtre sur cette dernière partie, et descendant sur les yeux, les joues et les oreilles, et formant une pointe d'un riche bleu d'aigue-marine, qui relève le noir profond et velouté qui colore le menton, le devant du cou et le thorax. Ce noir velours contourne, sous forme d'une large écharpe, le cou et le haut du dos, et se trouve bordé d'un liseré bleu céleste. Une plaque de ce même bleu suave occupe le milieu du dos, tandis que la moitié postérieure du corps est d'un beau noir velours. Les couvertures supérieures de la queue sont grises.

Les épaules sont d'un riche marron, tandis que les pennes alaires sont d'un brun roussâtre très clair. Le ventre est blanchâtre ; deux taches azur marquent les côtés du thorax ; le bas-ventre et les flancs sont gris-roux ; la queue est brune avec des reflets bleuâtres en dessus, à nuance plus clair en dossous*. Comme ses congénères, ce joli malurion est de la Nouvelle Hollande.

LXII. *Columba guinea*, Lath., L. Edw., gl. pl. 75 ; Levaill., af. pl. 265.

Ce gracieux pigeon, que M. Abeillé a reçu de la côte d'Afrique sur les rives de la Gambie, a parfaitement été décrit par Levaillant et par Temminck (Hist. des gall., t. 1, p. 214). Il est bien facile à reconnaître par la bifurcation des plumes du thorax.

LXIII. *Vinago sphœnura*, Vigors, Proc., 1830, p. 173.

La courte phrase de l'auteur anglais n'est pas suffisante pour bien faire connaître ce colombar des montagnes de l'Himalaya. Cette espèce est bien distincte de celles déjà décrites par les nuances qui colorent son
204.
plumage. La tête, le cou sont d'un vert jaune, qui est franchement jaune sur le front et mordoré sur le sommet de la tête. Tout le dessous du corps, du menton au ventre, est d'un jaune légèrement verdâtre ; mais ce jaune passe à l'orange sur le bas du cou et la poitrine. Les plumes tibiales sont jaunes maculées de longues flammèches vertes ; les tectrices inférieures de la queue sont jaune-citrin ; le haut du dos est gris-bleuâtre, mais une teinte rouge-vineux domine bientôt et s'étend sur les ailes où ce rouge prend une teinte lustrée. Le rebord des épaules est noirâtre, le reste des couvertures alaires, du dos, du croupion et des tectrices supérieures est vert.

Les pennes primaires et secondaires sont brunes finement liserées de jaune d'or à leur bord externe.

La queue est légèrement arrondie ou cunéiforme par la dégradation des rectrices externes plus courtes que les moyennes. Ces dernières sont glacées de verdâtre en dessus, mais les latérales sont grises barrées de noir proche leur sommet : toutes sont gris de perle en dessous.

Ce colombar a le tour des yeux dénudé, le bec noirâtre, les tarses d'un beau jaune, les ongles cornés. Il mesure 30 centim. de longueur totale.

LXIV. *Myzantha olivacea*, Less., sp. nov.

Les myzanthes sont des philédons ayant des caroncules charnus bordant la commissure du bec. On en connaît sept espèces. Celle-ci sera la huitième.

Ce myzanthe a les plus grands rapports de forme et de coloration avec le *foulehaio* figuré pl. 69 par Vieillot, le *certhia carunculata* de Gmelin. Il s'en distingue par des nuances généralement plus sombres.

Notre oiseau a la taille du foulehaio, c'est-à-dire 18 centim. de longueur, et le plumage entièrement et également brun-olivâtre. Le sommet de la tête tire au brun. Il en est de même d'un trait passant sur l'œil. Les oreilles sont couvertes par une plaque gris de plomb, et derrière elles se trouve de chaque côté une plaque ovalaire, rétrécie dans le bas, d'un jaune citrin pur. Le rebord charnu de la commissure est jaune, et à l'angle du bec existe un petit paquet aggloméré de plumes jaunes.

Les ailes sont franchement olives sur toutes les parties extérieures des plumes, et celles-ci sont brunes dans la portion cachée. Le dedans de l'aile a du mordoré au rebord de l'épaule, et les pennes sont bordées de jaune très pâle sur leurs barbes internes. La queue, qui est égale, a ses rectrices brunes lavées d'olive sur les parties externes. Le dessous est clair, et leur rachis, noir en dessus, est blanc en dessous.

Le bec est noir et les tarses sont de nuance carnée. Cet oiseau vit à la Nouvelle-Hollande.

LXV. *Xanthornus chrysater*, Lesson, sp. nov.

Ce carouge ressemble singulièrement à celui que nous avons figuré à la pl. 22 de notre Centurie zoologique. Les différences spécifiques tiennent surtout à des nuances de détails.

Comme l'atrogulaire, notre espèce vit au Mexique et appartient à la même tribu que le *gularis* de Wagler.

Son bec est conique, très aigu, noir, mais à lamelle nacrée à la base de la mandibule inférieure. Deux seules couleurs tei-

205.

gnent son plumage, du noir intense et du jaune d'or ; tout le dessus du corps et le dessous est jaune, et ce jaune prend sur le cou, à la nuque, sur le thorax une nuance mordorée ; le dessus de la tête est jaune assez clair.

Un masque noir encadre la face, surmonte les sourcils et le front et descend sur le devant et les côtés du cou jusqu'au haut du thorax. Les ailes ont leurs épaules jaunes, mais elles sont d'un noir mat dans tout le reste de leur étendue sans exception. Les petites couvertures, qui sont noires, avancent parfois sur le dos en demi-ceinture ; les ailes sont jaunes en dedans, la queue légèrement étagée est complètement noire.

Cette espèce diffère donc du *xanthornus atroguloris** par l'uniformité de la couleur noire des ailes, tandis qu'il y a du jaune sur ces parties dans l'atrogularis. De plus, le dos est noir chez ce dernier et jaune dans notre espèce. Le masque noir est enfin plus développé sur notre espèce que sur l'ancienne. Cet oiseau a 22 centim. de longueur.

LXVI. *Xanthornus cucullatus*, Sw., n. 64 ?

Cet oiseau ressemble, à s'y méprendre, à l'*icterus mentalis* de la pl. 41 de notre Centurie zoologique. Seulement son bec est un peu infléchi ; la plaque noire de la gorge a plus d'étendue, la queue est légèrement étagée et les épaules sont noires, tandis que l'*icterus mentalis* les a jaunes. Enfin les bordures blanches des rémiges n'existent pas et sont remplacées par des liserés jaunes-blancs*.

Ce carouge vit au Mexique, Il mesure 20 centim. Son bec est noir, ses tarses sont plombés, un noir profond et velouté traverse le front et le devant des yeux, et descend sur le devant du cou jusqu'au thorax. Le milieu du dos, les ailes et la queue sont de ce même noir ; la tête, le dessus du cou, le croupion et tout le dessous du corps est d'un riche jaune d'or, nuancé d'orangé fort vif sur la tête, le thorax et les couvertures supérieures de la queue.

Les ailes sont noires, mais une bande blanche assez large occupe la partie supérieure au-dessous de l'épaule qui est noire. Un trait blanc transversal, assez étroit, sert de bordure aux couvertures moyennes. Les rémiges sont finement liserées d'un trait jaune qui passe au blanc vers l'extrémité de la penne.

LXVII. *Agelaus militaris*, Vieill., Encyc., 2, p. 720 ; Enl. 236 (*tanagra militaris*, Lath.

L'individu de la collection de M. Abeillé provient de Montevideo. Il diffère de l'espèce de Cayenne figurée dans l'Enluminure, 236, par des sourcils blancs très prononcés. Le rouge des épaules a peu d'étendue et le noir du plumage est légèrement vermiculé de gris.

LXVIII. Le *cudor*, Levaill., pl. 107, f. 2 ; *hœmalornis chrysorheus*, Lesson ; *lurdus aurigaster*, Vieillot, Encyc., 2, p. 259. De Java.

LXIX. *Gossypha* reclamator*, Vigors ; *turdus reclamator*, Vieill., Levaill., pl. 104.

Cet oiseau, du cap de Bonne-Espérance, présente dans l'individu soumis à notre examen quelques variantes de plumage. Tout le dessous du corps est jaune buffle, mais la tête, les joues, le cou sont également

206.

jaune buffle ; seulement la calotte est mélangé* de brunâtre, et du roux se trouve sur le dos et les ailes. Les deux pennes moyennes de la queue sont noires, les autres sont d'un roux canelle* assez vif ; tout indique que l'individu n'est pas adulte.

LXX. *Prinia socialis*, Frankl., proc. 1832, p. 89, n. 78.

Ce petit oiseau du Bengale est plutôt un ortholome* qu'un prinia. Tout le dessous du corps est d'un cendré ardoisé, plus clair sur le croupion. Les ailes et la queue sont roussâtres ; les rectrices, qui sont fortement étagées, sont œillées de brun à leur sommet et bordées d'un léger rebord blanc. Une nuance blanche soyeuse et nankin colore tout le dessus du corps ; les flancs et le bas-ventre sont plus intenses ; le bec est noir et les tarses sont jaunes.

Les formes de cet oiseau sont grêles et sveltes.

LXXI. *Miro albifrons*, Gray, Rev. zool., 1844, p. 175, nº 24 ; *turdus ochrotarsus*, Forster, ic. pl. 148.

Cette petite espèce de la Nouvelle-Zélande a éié* décrite par Gmelin sous le nom de *turdus albifrons*, et par Latham sous celui de *white-fronted-thrush*.

Ce miro à dessus du corps noir soyeux et velouté porte une plaque blanche et ronde sur le front. Le devant du cou est d'un bean* noir ; le thorax est jaune-paille ; les flancs et les couvertures inférieures de la queue sont mélangées de brun et de gris ; un miroir blanc occupe le milieu de l'aile ; les rectrices également noires sont bordées largement de blanc au bord interne des plus extérieures et même liserées de blanc sur ce bord. Le bec est noir, mais les tarses qui sont noirs ont les doigts jaunes et les ongles bruns.

LXXII. *Rhipidura flabellifera, muscicapa ventilabrum*, Forster, pl. 155, *muscicapa flabellifera*, Gm. sp. pl. 743, nº 67 ; Lath., pl. 49.

Cet oiseau de la Nouvelle Zélande diffère suivant les sexes. Le mâle a le dessus du corps roux assez vif ; la femelle a cette partie gris-roussâtre. Mais comme les descriptions des auteurs sont assez incomplètes, nous en donnons une diagnose nouvelle.

Dans le voyage de la Coquille, le rhipidure à queue en éventail est mentionné (t., p. 416) sous le nom indigène de *pi-oua ka-oua-ka*, que porte l'espèce à la baie des îles.

Le bec de ce rhipidure est court et endré* de soies qui sont aussi longues que lui. Il est noir, excepté à la base qui est jaune en dessous.

Le dessus du corps est gris-brunâtre sur la tête et le cou, gris teinté d'olivâtre sur le dos. Un sourcil blanc surmonte l'œil, une plaque blanche triangulaire recouvre le menton et la gorge ; un assez large collier noir, mal déterminé, part des joues, encadre le blanc du gosier et s'étend sur le thorax en se dégradant.

Les ailes sont brunes avec quelques traces de blanc sur les couvertures moyennes. La queue longue et flabelliforme a le rachis de chaque penne d'un blanc pur ; les deux moyennes sont noires et les latérales sont blanches, bordées de noir seulement.

Ce rhipidure est remarquable par la forme tronquée des rémiges secondaires, ce qui donne à l'aile une coupe particulière.

Le mâle, un peu plus grand de taille, a

207.

tout le dessus du corps d'un jaune ferrugineux. La femelle, plus petite et à queue moins longue, a le dessous du corps blanchâtre avec une nuance de roux, les deux pennes moyennes de la queue noires, le rachis compris, et toutes les autres à rachis blanc, avec les barbes brunes, les bords excepté*, qui sont blanc pur.

LXXIII. *Vanellus rufiventer*, Lesson, sp. nov.

Ce petit vanneau de la Nouvelle-Hollande a le facies d'un pluvier à collier, il est monté sur des tarses allongés et fort grêles, et le pouce est rudimentaire. Les ongles sont très petits et les jambes sont recouvertes de scutelles, de même que le dessus des doigts. Les ailes sont de la longueur de la queue, et aiguës.

Le bec est droit, légèrement renflé au bout, à narines longitudinales dans le sillon qui s'étend jusqu'au renflement. Un deuxième sillon ou rainure longe le côté de la mandibule inférieure, il est noir en dessus et a* la pointe, jaune à la base et en dessous.

Un gris uniforme colore le dessus de la tête, le dos, les ailes et le croupion. Ce gris prend du noir sur les joues, au milieu du cou et sur le rebord du plastron, et forme sur la poitrine et sur le haut des flancs une large surface d'un noir bistré.

Un blanc de neige naît au menton, descend sur le devant du cou, et puis s'évase en un demi-collier bordé de noir assez vif, noir qui forme un liseré avant de se confondre avec le gris des parties supérieures ou le bistre du thorax.

Le ventre, les flancs, les couvertures inférieures de la queue sont d'un blanc pur, mais les côtés du ventre sont masqués de deux bandes longitudinales ferrugineuses et des flammèches brunes et roussâtres se mêlent au blanc des plumes tibiales et des couvertures inférieures de la queue.

Les ailes sont grises en dessus, brunes sur les rémiges, avec un rebord blanc au milieu et toutes les pennes moyennes primaires et les secondaires d'un blanc pur. La queue elle-même, courte et conique, a deux pennes moyennes grises, mais toutes les autres sont blanches.

Les tarses sont brunâtres dans le bas et rouges dans la partie dénudée de la jambe.

11e année.

Paris. — Dimanche, 4 Août 1844. No 10

(13e article.)

231.

LXXIV. *Pachyrhynchus.*

Nous avons sous les yeux deux espèces

de ce genre de Swainson qui ne se rapportent à aucune des espèces nombreuses des genre *psaris* et *pachyrhyncus**, et qui semblent ne former que deux variétés, tant leurs ressemblances sont frappantes et les distinctions spécifiques peu marquées. Ces petites bécardes du Brésil et de la Guyanne ont pour caractères communs les suivants :

Une taille assez semblable, c'est-à-dire 13 centim. de longueur totale ; les ailes ne dépassant pas le croupion ; la queue étagée, le bec plombé bordé de plus clair, les tarses bleuâtres, une calotte s'étendant du front à l'occiput et d'un bleu clair luisant et métallisé. Le plumage gris, les ailes noires variées de blanc, le dessous du corps gris de cendre clair, les rectrices noires terminées et bordées de blanc, le front bordé de blanc.

Les distinctions spécifiques sont les suivantes :

1° *Pachyrhynchus variegatus* : un collier cendré sur le haut du dos, le manteau bleu-noir, les ailes à couvertures supérieures, moyennes et rémiges médianes bordées de blanc. De Cayenne.

2° *Pachyrhynchus variegatus*, variété : cou et dos gris, peut-être la femelle. Du Brésil.

3° *Pachyrhynchus simplex* : calotte noir mat, front bordé de blanc, plumage cendré en dessus, gris-blanchâtre en dessous, ailes grises, ayant quelques légers rebords blancs sur les couvertures et aux rémiges secondaires ; queue égale, à pennes grises ; bec et tarses bleuâtres. Du Brésil.

LXXV. *Kittacincla melanoleuca*, Less. (1837).

Bec noir, tarses bleuâtres, plumage noir-bleu à reflets métallisés et brillants sur la tête, le cou, le thorax, le dos et le croupion, dessous du corps à partir du thorax blanc de neige ; ailes noir mat, avec les couvertures moyennes et les rémiges médianes d'un blanc pur ; queue à rectrices moyennes noir bronzé ; les latérales d'un blanc pur. Longueur totale 19 centim. Hab. le Bengale.

LXXVI. *Seisura volitans*, Vig. et Horsf., tr. xv, p. 250 ; *turdus volitans*, Lath.

Cet oiseau de la Nouvelle-Hollande a été décrit avec beaucoup d'exactitude par MM. Vigors et Horsfield. Le dessous du corps de notre espèce est plutôt blanchâtre que blanc. Le dessus du corps est brun, mais un brun lavé d'olivâtre. Le dessus de la tête et du cou est d'un bleu-noir métallisé. Cet oiseau a le facies du *kittacincla melanoleuca*, mais son bec déprimé l'en sépare d'une manière complète.

LXXVII. *Picnonotus humeralis*, Lesson ; *ceblepyris humeralis*, Gould, Proceed., 1837, p. 143.

Cet oiseau de la Nouvelle-Galles du Sud est bien voisin de notre *picnonotus karu* de la Nouvelle-Irlande. D'un bleu noir à reflets verts très brillants sur le corps, sur les ailes et sur la queue ; il a le bas du dos et les couvertures supérieures d'un gris tendre, tout le dessous du corps blanc. Les ailes ont une large écharpe blanche et les

232.

rectrices externes sont œillées de blanc au sommet ; le bec est noirâtre et les tarses sont plombés. Cette espèce mesure 16 centimètres.

LXXVIII. *Picnonotus humeraloides*, Lesson.

Cette espèce n'a pas été décrite par Horsfield dans ses *ceblepyris* de Java, ni par Eyton, ni par Swainson dans ses *micropus* et ses *brachypus*.

Le picnonote, objet de cette notice, ressemble par le facies à l'*humeralis*, de manière à faire illusion. Il en diffère par l'habitat, puisqu'il vit à Java, mais surtout par son bec notablement plus fort, plus élevé. Comme le précédent, il a le dessus du corps noir-bleu à reflets verts très brillants, le croupion et le bas du dos gris tendre ; mais il a le front blanc et des sourcils blancs ; de plus, le blanc des joues avance sur les côtés du cou. Tout le dessous du corps est blanc sur le gosier et sur le basventre, gris de perle sur le thorax et sur les flancs ; le haut de l'aile est blanc, les rémiges secondaires sont largement bordées de blanc pur et les primaires masquées de blanc à leur sommet seulement. La queue aussi étagée a ses pennes moyennes bleu noir lustré, œillées de blanc, tandis que les latérales sont à moitié blanches et largement liserées de blanc au bord externe ; le bec et les tarses sont bleuâtres.

Cet oiseau, de même taille que le précédent et qui n'en diffère que peu, vit à Java.

LXXIX. *Prinia socialis, fœmina.* Nous avons décrit au nº 70 le mâle de cette espèce. La femelle, tout en conservant les formes du sexe opposé, diffère par son plumage. Son bec est noir et les tarses sont jaunes ; tout le dessus du corps est gris-brunâtre, le dessous blanchâtre ; la queue, légèrement rousse en dessus, très claire en dessous, a des yeux bruns à l'extrémité des pennes ; un sourcil blanc contourne l'œil.

LXXX. *Lanius gambieranus*, Lesson, sp. nov.

Cette pie-grièche est fort voisine du *lanius labuensis* de Latham. Comme elle, on la trouve dans la mer du Sud, et c'est aux îles Gambier qu'elle vit.

Cette espèce a les formes courtes et trapues. Elle mesure 14 centimètres. Ses ailes sont presque aussi longues que la queue ; son bec est un peu crochu, bien que denté ; il est noirâtre ainsi que les tarses ; tout le plumage en dessus, les ailes et la queue sont d'un brun olivâtre uniforme ; le devant du cou, à partir du menton jusqu'au haut de la poitrine, est olivâtre foncé ; tout le dessous du corps, depuis le haut du thorax jusqu'aux couvertures inférieures, est du jaune le plus vif et le plus égal ; les plumes tibiales sont brunes, mais cerclées d'une sorte de jarretière jaune à l'articulation ; le dedans des ailes est varié de jaune et de blanc, ce qui forme un rebord étroit, blanc au dessous du fouet de l'aile ; la queue est légèrement échancrée, et le sommet des rectrices présente un point jaune.

LXXXI. *Passerina ornata*, Less., Tr. d'orn., 1830 ; compl., t. 2, p. 350.

Ce gracieux moineau du Brésil appartient à la tribu des vrais passerines de Vieillot que caractérise un bec longicône, assez effilé, légèrement arqué en dessus, comprimé sur les côtés ; des ailes courtes et concaves dépassant à peine le croupion, à

233

queue allongée, légèrement échancrée ; des formes un peu sveltes, taille du friquet.

La passerine ornée du Brésil a le sommet de la tête couvert de plumes rouges de feu, formant une sorte de huppe par leur allongement sur l'occiput. Cette plaque rouge est encadrée d'un rebord noir intense qui traverse le front et s'étend sur les tempes. Tout le plumage sur le corps est cendré-gris plus foncé sur les ailes et sur la queue; tout le dessous du corps est cendré très clair, passant au blanc sur le ventre et sur les couvertures inférieures. Le bec est noir en dessus, corné en dessous ; les tarses sont brunâtres.

LXXXII. *Citrinella capensis*, Less., sp. nov.

L'espèce que nous décrivons appartient au petit genre *citrinella* qui n'avait eu jusqu'à présent que le venturon, et elle tient autant des *citrinella* que des *serinus*, et surtout des *serinus citrinelloides* de Ruppell. (pl. 34.)

Cet oiseau a le bec et les tarses rougeâtres ; le plumage vert-olivâtre sur la tête, brun-roux sur le dos et sur les couvertures des ailes, jaune-vert sur le croupion, et jaune-verdâtre sur le gosier, le cou, le thorax et le ventre. Les couvertures inférieures sont grises ; les ailes sont brun-roux, les rémiges excepté* qui sont noires. Toutes les pennes sont terminées par une tache oblongue blanche ; la queue est égale, composée de rectrices noires, terminées par un rebord blanc pur au sommet, rebord plus grand sur les pennes latérales, la queue est claire en dessous.

Cet oiseau provient du cap de Bonne-Espérance.

LXXXIII. Le *Gobe-mouche azur*, Levaill. ; Afriq., pl. 153.

Femelle de la Gambie, espèce bien connue par une bonne figure.

LXXXIV. *Sylvietta.*

L'espèce de M. Abeillé est bien voisine du *figuier tcherix* de Levaillant, pl. 132, f. 1 et 2, appartenant au genre sylvietta. C'est un petit oiseau de la Gambie, vert-jaune sur le corps, jaune en dessous. Les pennes alaires et caudales brunes frangées de jaune ; le bec corné ; les tarses bruns, les ongles blancs.

LXXXV. *Setophaga ornata*, Boiss., Rev. zool., 1840, p. 70, *mycodiocles* ornatus*, Lesson.

Cette espèce à dessus de la tête jonquille, à cou noir, à dos olivâtre, a le menton et les joues blancs, tout le dessous du corps jaune, les couvertures inférieures blanches, les ailes brunes avec un rebord blanc au fouet, la queue brune à pennes externes blanches. De la Colombie.

LXXXVI. *Tyrannulus rufopectus*, Less., sp. nov.

Ce petit genre, qu'il ne faut pas confondre avec le genre *tyrannula* de Swainson, a été créé par Vieillot pour recevoir ce qu'il appellait le roitelet-mésange (Enl., 708, f. 2). Depuis, M. Vigors a fait connaître les *t. vieillotii* et *albocritatus**, trois espèces du Brésil.

Notre espèce provient de la Colombie. Comme ses congénères, elle a la tête huppée, les tarses grêles, la queue fourchue et le bec moins aplati que les vrais *tyrannula.*

Les plumes de la huppe sont redressées, retombantes, effilées ; le dessus de la tête et cette huppe sont brun sale, mais un trait

234.

blanc occupe le devant de chaque œil et se prolonge sur les joues pour contourner l'occiput et encadrer le noir de la tête. Le dessus du corps est brun-olivâtre, les soies sont fines et longuès, le gosier est gris-brun sale, le bas du cou et le thorax ont une teinte marron clair, le ventre est blanc-gris soyeux, de même que les couvertures inférieures de la queue; les ailes sont brunes, mais une barre marron-clair les traverse obliquement depuis le bord policial jusqu'en dedans ; les pennes secondaires sont frangées de blanchâtre et de marron-clair ; la queue assez longue a ses pennes brunes, les deux externes excepté* qui sont bordées de blanc pur dans toute leur longueur et sur leurs barbes les plus externes.

LXXXVII. *Tyrannulus aureus*, Less., sp. nov.

Jolie espèce dont la patrie est inconnue et qui a la taille et le facies d'un roitelet. Le bec est noir et les tarses sont brun très clair ; les plumes de la tête sont allongées pour former une huppe analogue à celle du roitelet-triple-bandeau. Cette huppe jaune-clair se compose d'abord d'une large raie jaune bordée, deux raies noires et deux petits traits jaunes se trouvent bordées* de deux autres petits traits noirs. Tout le dessus du corps est vert-olive avec quelques flammèches brunes ; tout le dessous du corps est du jaune le plus vif.

Les ailes sont entièrement grises, mais leurs couvertures sont bordées de gris-blanc. Il en est de même des rémiges. La queue a ses pennes atténuées au bout, blondes au milieu et bordées de jaune très clair.

LXXXVIII. *Myiodioctes verticalis*, Les. ; *setophaga verticalis*, d'Orbigny, pl. 33, f. 1, vit à la Colombie. Sa queue est longue et légèrement étagée ; son bec et ses tarses sont noirs ; tout le plumage des parties supérieures est ardoisé ; une calotte marron recouvre la tête, seulement le front, le tour des yeux, les joues, le gosier et les côtés du cou sont brun ardoisé; tout le dessous du corps est, à partir du milieu du cou, jaune d'or, les couvertures inférieures excepté, qui sont blanches.

Les ailes sont franchement brun-noir. Il en est de même de la queue, les trois pennes latérales excepté*, qui sont en grande partie d'un blanc pur. La plus externe a son bord entièrement blanc, et des barbes noires à sa naissance seulement. Taille ne dépassant pas 11 centim.

LXXXIX. *Pyrrhula leucomelas*, Less., sp. nov.

Ce bouvreuil a quelques rapports avec le *pyrrhula mysia* de Vieillot (ois. ch., pl. 46). Il ne paraît pas figurer parmi les 22 espèces connues qui vivent dans l'Amérique ; Il a aussi quelques rapports avec le *pyrrhula minuta* du Paraguay et de la Bolivie, mais surtout avec le *p. bicolor* de d'Orbigny.

Ce bouvreuil est de petite taille, long au plus de 10 centimètres. Deux seules couleurs se partagent sa livrée : un noir soyeux et intense qui colore toutes les parties supérieures, les ailes et la queue, mais aussi le cou, le thorax et les flancs ; un blanc pur forme une large écharpe longitudinale sur la poitrine, le ventre et les couvertures inférieures de la queue ; les plumes tibiales sont noires cerclées de blanc.

Un miroir blanc pur occupe le milieu de

235.
l'aile, sur la base des rémiges, et tranche sur le noir profond de l'aile.

Le bec est de couleur cornée, les tarses sont noirs.

XC. *Myrmothera melanoleucos*, Vieillot, Encycl., t. 2, p. 682.

Ce petit oiseau de Cayenne a été assez incomplètement décrit par Vieillot. Son bec, noir en dessus, est blanc en dessous. Ses tarses sont bleuâtres, le plumage des parties supérieures, des ailes et de la queue est noir-bleu, couvert de flammèches d'un blanc pur. Le croupion est gris-bleuâtre, les joues et le thorax sont variés de flammèches noires sur un fond gris-blanc ; la gorge, le ventre et les couvertures inférieures sont blanches ; les deux rectrices latérales sont œillées de blanc. Taille du troglodyte de France.

XCI. *Myrmothera troglodytes*, Lesson, sp. nov.

Ce petit fourmilier habite Cayenne et n'a pas été décrit par Vieillot parmi les 14 espèces de son genre *myrmothera*. Son plumage est roux sur la tête, le cou, le dos et le croupion ; mais ce roux est très finement vermiculé de noir par petites lignes étroites, ce qui est dû à ce que chaque plume rousse est frangée de noir. Tout le devant du corps est gris ardoisé, vermiculé de petites rayures brunes ; le bas-ventre, les flancs et les couvertures inférieures sont d'un roux assez vif, vermiculé de noir ; les ailes sont noires et les pennes sont terminées de roux ; les couvertures supérieures sont noires, mais à leur sommet est une bandelette d'un blanc pur formant une écharpe échelonnée et interrompue qui s'étend jusqu'au milieu du dos ; le bec est noirâtre en dessus, jaunâtre en dessous, les tarses sont brun-rougeâtre ; la queue de cette espèce est très courte.

11e année.

Paris. — Jeudi, 8 Août 1844. N° 11

(14e article.)

251.

XCII. *Myrmothera.*

M. Wied a décrit dix espèces de fourmiliers du Brésil, dont les descriptions en allemand ne me permettent pas de savoir si l'espèce placée sous mes yeux a été connue par cet auteur.

Ce fourmilier vit au Brésil. Sa taille est celle des deux espèces précédentes et sa queue est rudimentaire. Son bec et ses tarses sont bleu noir ; un olive très roux assez vif colore toutes les parties supérieures du

252.

corps ; une teinte ardoise foncée colore toutes les parties inférieures. Le devant du cou et le gosier sont couverts par une plaque noire émaillée de gouttelettes blanches ; les ailes ont leurs épaules noires masquées d'une touffe blanche au coude, puis de gouttelettes blanches sur le rebord. Des points oblongs jaunes terminent les moyennes couvertures ; les rémiges rousses en dehors sont brunes en dedans ; la queue fort courte est rouge vif.

XCIII. *Podobeus fuscus*, Less., sp. nov.

Le genre podobé formé sur le *turdus erythropterus* de Gmelin comprend une deuxième espèce nommée *argya luctuosa* par M. de La Fresnaie. Ces deux espèces sont du Sénégal. La troisième espèce que nous indiquons provient du cap de Bonne-Espérance, et a tous les caractères des podobés soit du bec, soit des ailes, soit même de la coloration des plumes.

Le podobé brun a le bec noir, les tarses bruns, le plumage brun enfumé sur le corps, les ailes également brun fuligineux. Tout le dessous du corps gris enfumé, plus clair sur le ventre et sur les flancs. Sur le brun des joues se dessine un sourcil blanc ; le menton et un trait longitudinal sur le cou sont blanchâtres ; les couvertures inférieures sont gris-brun, la queue, à pennes larges et étoffées, est d'un noir assez intense vers le sommet des rectrices externes qui est largement terminé de blanc pur. Longueur totale 17 centim.

XCIV. *Muscipeta badia*, Less., sp. nov.

Cayenne nourrit les *muscicapa rufescens*, *spadicea*, *cinnamomea*, qui ont les plus grands rapports avec l'espèce qui nous occupe et qui provient également de la Guyanne* française.

Notre *muscipeta badia* a donc la taille d'un moineau d'Europe et le plumage d'un roux canelle* brunâtre sur le dos, les ailes, le croupion et la queue sans aucunes taches. Sous le corps, depuis le menton jusqu'au sommet des rectrices, cette teinte canelle* devient vive et claire et tire au jaune rouille. Une calotte brun-roux recouvre la tête et se trouve cerclée par un rebord gris qui naît derrière chaque œil et contourne la tête. Le bec est court, garni de peu de soies et bleuâtre. Les tarses sont grêles et de couleur noire. Les ongles assez robustes m'ont présenté la particularité d'être creusés en gouttière sur le côté.

XCV. *Muscicapa oleagina*. Lichst., Cat. n° 565 ; *tyrannula oleagina*, Lesson.

Lichsteinsten* a le premier décrit cet oiseau qu'il avait reçu de Bahia. Notre individu provient de Cayenne.

Ce petit tyran est remarquable par l'allongement de ses ailes qui sont longues et atteignent les deux tiers de la queue. Celle-ci allongée est légèrement échancrée.

Tout le plumage sur le corps est vert olivâtre foncé, le devant du cou et de la gorge est verdâtre, mais avec une nuance de rouille qui s'étend sur les côtés du cou. Une teinte d'un jaune d'ocre roux commence au dessus de la poitrine et prend plus d'intensité sur le ventre, les flancs et les couvertures inférieures. Le dedans des ailes et des rémiges secondaires est de ce même jaune ocreux.

Les ailes sur les épaules et leur partie moyenne sont vertes, et les pennes primaires brunes sont légèrement liserées de jaune olive, et leur partie cachée est jaune ocreuse. Les rectrices sont brunes, teintées de vert sur leurs bords.

Les tarses de cet oiseau sont rougeâtres
253.
le bec, terminé par un crochet mince et aigu, est noir en dessus, rouge à la base. Ce petit tyran a un facies particulier, et dans ce groupe américain des tyrans, pepoazas, tyrannula, etc., où tout est à faire, il deviendra un type de petite tribu bien distincte.

XCVI. *Tyrannula ruficauda*, Lesson, sp. nov.

Cet oiseau de Cayenne a la tête, le dessus du cou, le manteau et le bas du dos vert olive. Le menton est grisâtre, tout le dessous du corps est varié d'olive, de jaune et de flammèches brunes.

Les plumes tibiales sont rousses, les couvertures de la queue, en dessus comme en dessous, sont d'un rouge cannelle fort vif, la queue est entièrement de ce même rouge cannelle, les ailes sont également rouge cannelle, mais comme chaque plume a du noir au centre, il en résulte que les ailes laissent apparaître sur leurs couvertures des maculatures brunes. Les rémiges sont brunes, mais frangées de cannelle à leur bord externe. Les baguettes sont d'un noir lustré, le bec est noir, excepté en dessous et à la base, où il est corné. Les tarses, faibles et grêles, sont d'un brun-rougeâtre. Longueur 13 centim.

XCVII. *Tyrannula viridiflavus*, Lesson, sp. nov.

Ce tyranneau vit au Brésil. Il mesure 14 centim. Son plumage est vert sur le corps, le dessus de la tête excepté qui est brunâtre. Le gosier est gris-blanc, le devant du cou et le thorax sont jaune olive, le milieu du ventre est jaune d'or, les flancs et les couvertures inférieures de la queue sont olive clair, les ailes dépassent à peine le croupion, elles ont les épaules vertes et les couvertures et les pennes brunes, mais les unes et les autres frangées de vert-jaune. La queue est allongée, égale, composée de pennes brun-clair, mais les moyennes frangées de vert-clair. Les tarses, grêle et faibles, sont bruns. Le bec, assez déprimé, a la mandibule supérieure noire, et l'inférieure blanc-corné.

XCVIII. *Tyrannula brunneo-olivaceus*, Less., sp. nov.

Ce petit tyranneau provient de la Colombie. Il mesure 11 centim. Son plumage vert olivâtre sur le corps, tire au brun cendré sur la tête et surtout sur le front. Le cou, en devant et sur les côtés, est brun olivâtre strié de petites lignes jaunes, placées au centre de chaque plume. Le milieu du thorax, du ventre et les couvertures inférieures de la queue sont jaunes. Les flancs et les côtés du thorax sont olive avec flammèches courtes plus claires, variées de jaune-pâle. Le dedans des ailes est jaune, en dehors les ailes sont vert-olive, mais toutes les pennes sont brunes sur leurs barbes internes. Les rémiges externes sont totalement brunes avec un liseré vert-olive en dehors et jaune ocreux en dedans. La queue égale est brun-clair, avec les rectrices moyennes bordées de vert. Le bec est brun en dessus, corné à la base et en dessous. Les tarses fort grêles sont brunâtres.

XCIX. *Tyrannula.*

Nous avons sous les yeux deux oiseaux dont l'un de la Colombie, ayant absolument le même plumage, le même facies, et qui ne diffèrent que par de très légères différences de coloration des ailes, mais qu'on peut distinguer de prime abord par les proportions du bec qui forment un bon caractère diagnostique. Tous les deux sont

254.

de petite taille, et ne sont pas plus gros qu'un pouillot.

La première espèce de la Colombie, *tyrannula atbolimbatus*, Lesson, a le bec élargi à la base, déprimé, noir en dessus, blanc à la base en dessous. Les tarses courts et grêles sont noirs, le corps est en dessus vert olive, excepté la tête qui est brune depuis le front jusqu'à la nuque. Le devant du cou est grisâtre-clair, le thorax est olive, le ventre et les couvertures inférieures jaune citron, les ailes sont brunes, avec de larges bordures blanchâtres et jaunes sur les plumes rectrices et les pennes moyennes. Toutes les rémiges sont uniformément noires et sans aucune bordure, la queue mince et étroite a ses pennes brunes bordées de liserés blanchâtres. Cet oiseau mesure 9 centim.

La deuxième espèce, sans indication de patrie, est un peu plus petite de taille et n'a que 8 centim. Son bec est presque aussi haut que large, il est légèrement arqué en dessus, bien qu'un peu déprimé à la base. Il est noir en-dessus, blanc à la base en-dessous. Ce sera le *tyrannula luteolimbatus.* Son plumage est vert olive en dessus, tirant au brun olivâtre sur le sinciput et sur la nuque. Joues brunâtres, gosier et gorge blanchâtres, thorax gris-olivâtre, ventre, flancs et couvertures inférieures d'un jaune paille, ailes brunes, les tectrices des épaules, les pennes secondaires et les rémiges finement bordées de jaune d'or. Queue étroite, légèrement échancrée, à pennes brun-clair en dessus plus clair en dessous ; les moyennes frangées de vert. Tarses allongés, très grêles, doigts courts et faibles, le bec et les tarses noirs, la mandibule inférieure blanche à la base.

C. *Pachycephala australis*, Vig. et Horsf., Tr. linn., XV, p. 242.

Ce petit gobe-mouche de l'Australie a le dessus du corps olivâtre cendré, le bas du dos jaune et toutes les parties inférieures d'un jaune assez vif. Les joues sont brunâtres, les ailes sont brunes, mais toutes leurs pennes sont très finement frangées de jaune. La queue est étroite, échancrée, à pennes vertes, barrées de noir et terminées de gris à leur sommet. Cet oiseau a au plus 8 centimètres.

CI. *Tyrannus rutilus*, Lesson, sp. nov.

Les espèces de tyrans sont loin d'être toutes bien caractérisées, et l'Amérique possède de nombreuses espèces nouvelles.

Celui que nous décrivons est fort remarquable par l'uniformité de son plumage. Tout le dessus du corps est roux cannelle intense, à nuance plus vive sur le croupion et sur la queue ; tout le dessous du corps est roux franc et clair, à nuance moins foncée que celle du dessus ; les ailes seules ont du brun ; les épaules, les tectrices moyennes et les rémiges sont brun-noirâtre, mais toutes les plumes sont plus ou moins bordées de roux ; les pennes moyennes sont rousses, et seulement marquées de brun au centre.

Le bec de cette espèce est fortement crochu ; il est aussi haut que large et complètement noir ; les tarses peu robustes sont bleuâtres. Ce tyran mesure 19 centimètres. Il vit à la Guyane française, à Cayenne.

CII. *Bradypterus ruficoccix**, Lesson.

L'Afrique nourrit trois bradyptères, le pavaneur, le coryphée et le grivelin de Levaillant. L'espèce que nous décrivons et dont nous ignorons la patrie est bien voisine de la dernière citée ; mais elle s'en

255.

distingue suffisamment. Notre oiseau a tous les caractères du genre et ne paraît pas avoir été précédemment mentionné.

Le brachyptère à croupion roux mesure 16 centim. Son plumage sur le corps est grivelé de brunâtre et de gris-roussâtre, passant au roux vif et sans taches sur le croupion et les couvertures supérieures de la queue. Un sourcil blanchâtre et incomplet surmonte l'œil ; le gosier est blanchâtre, le thorax est gris-clair, il en est de même des flancs. Le gris du milieu du ventre tire au gris très pâle, les couvertures inférieures sont blondes, les ailes sont brun-clair, et chaque plume est bordée de gris-pâle. La queue allongée est fourchue et brun clair uniforme ; le bec est corné en dessus, blanc en dessous ; les tarses sont carnés et transparents.

11e année.

Paris. — Dimanche, 11 Août 1844. N° 12

(15e article).

275.

CIII. *Sittasomus perlatus*, Lesson, sp. nov.

Le genre *sittasomus* comprend quatre espèces de petits grimpereaux de l'Amérique méridionale, à bec de sylvie et à queue accuminée*. Celle-ci sera la quatrième.

Le sittasome à corps perlé habite la Colombie. Il est remarquable par la vive coloration de son plumage, bien que sa livrée ne s'éloigne pas des autres espèces du genre. Sa taille est de 13 à 14 centim.

Son bec court et grêle est cornée* en dessus, blanc-jaune en dessous. Ses tarses courts et armée d'ongles recourbés, sont brunâtres ; ses ailes fort longues dépassent de beaucoup le croupion, et la queue large a ses rectrices moyennes terminées par des pointes très fines.

Le sommet de la tête, du cou jusqu'au

dos est d'un olivâtre roux sale ; mais à partir du cou, le menton, le dos, le croupion, les ailes et la queue sont du rouge cannelle le plus vif. Les ailes sont blanches en dedans, et les rémiges primaires et secondaires sont brunes, mais bordées de roux cannelle en dehors, et sur leurs barbes internes œillées de jaune nankin. Cette maculature ne paraît que quand l'aile est ouverte.

Un trait blanc jaunâtre naît au menton

276.

et descend verticalement sur le devant du cou en s'élargissant un peu. Les joues sont olive tiqueté de blanc et une sorte de sourcil blanc naît derrière chaque œil. Tout le dessous du corps est couleur de gayac, et ce à partir du cou jusqu'aux couvertures inférieures ; mais cette teinte est semée de larmes oblongues blanc mat, encadrées d'un rebord noir profond qui les circonscrit. Cette coloration émaillée est des plus agréables et simule un semis de perles.

CIV. *Xyphorynchus maculi venter*. Lesson, sp. nov.

Le Brésil possède une espèce fort remarquable, le *falcularius* des auteurs, et le Mexique deux espèces, les *x. leucogaster* et *flavigaster* de Swainson. Cette quatrième espèce provient du Brésil. C'est un gracieux oiseau, à formes sveltes, à tarses courts, ayant les deux doigts externes aussi longs que les tarses. La queue en toit, à pennes rigides, tronquées au sommet et à pointes mucronées. Les ailes sont longues, pointues, à rémiges étroites et étagées. Le bec recourbé, très comprimé sur les côtés, est rougeâtre-clair en dessus, blanc-jaunâtre en dessous.

La calotte jusqu'à l'occiput et sur les côtés de la tête est roux-brunâtre parsemé de petites taches jaune-clair. Tout le dessus du corps est roux-vif, mais le roux devient encore plus vif et plus nuance cannelle clair sur le croupion et sur la queue. Les ailes sont entièrement rousses ; seulement toutes les pennes, dans leur partie cachée, sont brunes et ce brun apparaît au sommet des rémiges. Le dedans des ailes est roux glacé.

Le menton et la gorge sont blancs. Tout le dessous du corps sans exception est d'un gris émaillé de flammèches blanches bordées de chaque côté de traits noirs. Les tarses sont rougeâtres. Longueur, 20 centimèt.

Ce xyphorhynque est du Brésil.

CV. *Dendrocolaptes* (*orthocolaptes*) *rufigula*, Lesson, sp. nov.

Dans la section des dendrocolaptes à bec droit et robuste, la Guyane possède les *d. cayennensis*, *guttatus* et *picus*. Notre talapiot à gorge rousse vit aussi à Cayenne et diffère des trois espèces citées.

C'est un oiseau robuste, mesurant 22 centim., ayant un bec robuste, fort, à mandibule supérieure crochue ; sa queue est large, rigide et les baguettes surtout sont très fortes et se terminent par des pointes résistantes. Le bec est noirâtre en dessus, corné en dessous ; les tarses sont bleuâtres.

Un roussâtre brun colore la tête, les joues et le dessus du cou, le manteau et le dos, mais sur le manteau apparaissent quelques petites larmes blanches bordées de noir. Le croupion et les couvertures supérieures sont d'un roux cannelle, la queue est entièrement de ce roux cannelle fort vif les baguettes exceptées qui sont rouge-noir et lustrées. Les ailes sont roux-cannelle, mais les pennes sont brunes en dedans et ce brun apparaît au sommet des pennes.

Le gosier est roux, le thorax et le devant du cou, d'un olive roux, sont semées de larmes obovales d'un blanc éteint et cerclées d'un rebord noir. Le milieu du ventre, les flancs et les couvertures inférieures unicolores sont roux-olivâtre. Ces dernières sont finement rayées de brun.

CVI. *Muscigralla brevicauda*, d'Orbig., Am., pl. 39, f. 1.

M. Abeillé a reçu cet oiseau du Chili.

277.

M. d'Orbigny en a donné une figure parfaitement exacte : seulement les tarses de la figure citées sont peut-être trop courts. Le muscigralla à courte queue a en effet les tarses très longs, grêles et surtout dénudés dans une grande partie de la jambe. Ce sont presque en miniature des tarses d'échalliers*. La huppe jaune ne paraît que lorsque les plumes sont ébouriffées.

CVII. *Fluvicola leucocephala*, Lesson, sp. nov.

Je n'ai point trouvé cette espèce parmi les neuf espèces de ce genre américain décrites dans les auteurs.

Cet oiseau a le bec et les tarses noirs ; le front, les joues, les côtés de la tête et tout le devant du cou blanc pur. Le reste de la tête, les côtés et le milieu du cou revêtus d'une plaque noire en chaperon ; une écharpe noire assez large, en travers sur le thorax ; toutes les parties inférieures, depuis la ceinture noire jusqu'aux couvertures inférieures de la queue, d'un blanc soyeux, ondé de brun sous les ailes. Le dessous du cou, le dos, le croupion, les couvertures moyennes des ailes gris de cendres ; les ailes terre d'ombre, les rémiges moyennes brunes et les plus externes blondes. Queue très courte, échancrée, à pennes moyennes noires, les latérales brunes terminées de blanc, ou œillées de blanc en dedans. Longueur, 11 centimètres. Patrie ?

CVIII et dernier. *Myadestes* ardesiacus*, Less., sp. nov.

Swainson a établi le genre myadestes pour des gobe-mouches à plumage lâche et abondant, dont il ne connaissait qu'une espèce, le *muscicapa asmillata** de Vieillot, qui vit à la martinique*. M. de La Fresnaie ajouta une deuxième espèce, le *m. obscurus* du Mexique, et celle-ci du Brésil, sera la troisième du genre.

Les caractères de ce petit genre consistent surtout en la première penne de l'aile qui est rudimentaire. La deuxième est plus courte que la troisième, celle-ci que la quatrième : les quatrième, cinquième et sixième sont égales et les plus longues. Les tarses sont allongés, très robustes, couverts de larges écailles. Le pouce a un ongle très recourbé et très acéré. Le bec est médiocre, comprimé sur les côtés, légèrement crochu, peu denté ; les narines sont basales, percées dans la membrane frontale. Les ailes atteignent le milieu de la queue ; celle-ci est élargie presque égale. Le plumage est abondant, mollet et imite celui de quelques barbacous d'Amérique.

Le *myadestes* ardoisé a le bec noir, les tarses brunâtres ; tout le corps en dessus brun ardoisé. Les joues, le cou en avant et sur les côtés, les flancs, les côtés du thorax sont aussi brun fuligineux. Les soies du front ont deux petits points blancs à toucher les narines.

A partir du thorax, le milieu du corps jusqu'aux couvertures inférieures est d'un blanc lavé de jaune-paille très pâle. Les plumes tibiales sont brunes, avec une jarretière blanchâtre. Les ailes sont brun-mat, la queue aussi est brune, mais les rectrices sont taillées à leur sommet de manière à avoir une pointe saillante. Cet oiseau à plumage mollet est très doux au toucher, mesure 16 centim., et vit au Brésil.

11e année.

Paris. — Jeudi, 15 Août 1844. N° 13

(16e article)

302.

CIX. *Sericossypha somptuosa*, Lesson, genre nouv.

Le magnifique oiseau qui sert de type à notre nouveau genre est lui-même une précieuse acquisition pour l'ornithologie.

Le genre *sericossypha* a des caractères qui se rapprochent des piauhaus, des coracines, des choquards et des merles. Par son plumage soyeux, ses narines couvertes de plumes veloutées, c'est presque un paradisier ; par son bec fendu à la base, c'est une coracine ; par ce même bec comprimé sur les côtés et arqué, c'est un merle ou un astrapie ; par ses ailes aiguës, à rémiges roides, c'est un piahau*.

Les caractères de ce nouveau genre sont les suivants :

Bec médiocre, comprimé sur les côtés, dilaté à sa base, convexe, à arête voûtée, terminé en pointe, recourbé, denté sur le côté, mandibule inférieure aiguë, lisse sur les côtés. Commissure ample, n'ayant que deux ou trois soles* petites; narines basales, ouvertes dans une fosse profonde et triangulaire, cachées par les plumes veloutées du front.

Ailes longues, pointues, atteignant la moitié de la queue, à pennes roides, amincies à l'extrémité, à première, deuxième et troisième rémiges les plus longues, mais la première plus courte que la deuxième, et celle-ci que la troisième, qui est la plus longue.

Queue moyenne, égale, formée de pennes rigides.

Tarses courts, robustes, garnis de scutelles ; doigts ?

Plumage séricéeux, velouté, coloré par nuances crues et vives.

Habitant les plateaux refroidis de l'Amérique du Sud, le Pérou à Quito.

Le *sericossypha somptueux* est de la taille d'un merle, c'est-à-dire qu'il mesure 24 centimètres. Son plumage est généralement sur le corps, les ailes et la queue d'un noir-bleu velouté sur le cou et le menton, glacé de bleu luisant sur les rémiges et sur les rectrices ; mais ce noir général, noir qu'on

303.
retrouve sur le bec et sur les tarses, est relevé par le blanc de la tête et le rouge de feu du devant du cou.

Une calotte d'un blanc satiné et soyeux recouvre la tête en s'avançant sur les narines, passant sur les yeux et se rendant à l'occiput.

Un rouge cramoisi fulgide dont le cinabre seul reproduit l'effet, naît au menton, descend sur le devant du cou et vient finir sur le haut de la poitrine en s'élargissant. Ce rouge a un éclat métallisé et intense.

On ne connaît rien des mœurs de ce bel oiseau.

CX. Le synallaxe queue gazée, *synallaxis stissitura*, Lesson.

S. pileo rufo, fronte griseo, dorso griseo rufrescente ; guta* albo nigroque variegato, thorace et abdomine griseo sordide trictis, cauda elongata barbulis laxis* : hab. Chili.

Ce synallaxe appartient à la même tribu que le *s. albescens* de Semminck* (pl. 127, f. 2), auquel il ressemble beaucoup et par la forme et par le plumage. Sa queue est longue, composée de pennes très étagées, mais dont les barbules sont lâches et peu serrées.

Son bec est couleur de corne, les tarses sont brunâtres, une plaque grise revêt le devant du front, en avant d'une large calotte d'un roux très vif qui recouvre la tête jusqu'à l'occiput ; un gris roussâtre assez clair, colore le cou, le dos et le croupion. Ce gris roux enfumé ou sordide, plus clair sur le milieu du ventre, règne sur toutes les parties inférieures depuis le gosier jusqu'aux couvertures inférieures de la queue.

Une plaque noire variée de blanc occupe le devant du gosier. Les plumes de cette sorte de cravate sont d'un noir intense à leur base et bordées de blanc à leur sommet.

Les ailes ont leurs épaules d'un roux assez vif et sont d'un roussâtre clair dans le reste de leur étendue. Les pennes de la queue sont de ce même roussâtre sale, mais assez clair.

Ce synallaxe a la queue très longue ; il mesure en totalité 17 centim., et la queue seule entre pour 9 dans ces proportions.

La patrie de cette espèce est le Chili, mais on ignore de quel point de cette portion de l'Amérique méridionale sur l'océan Pacifique il provient.

CXI. Le synallaxe élégant, *synallaxis elegans*, Lesson.

S. sincipite, genisque nigris, superciliis, et gula albo lutescente tinctis, pectore circulis nigro et rufo ornato, abdomine badio dorso cinereo.

Hab. : *Colombia*, propter Gayaquil.

Ce synallax* fera tôt ou tard le type d'un sous-genre qui recevra en outre les *s. tor-*

quata et *bitorquata* de d'Orbigny (pl. 15, f. 1 et 2), avec lesquels il a les plus grands rapports.

Ce sous-genre sera caractérisé par une force plus grande des tarses, par une extrême brièveté des ailes, par une queue médiocre, à pennes peu étagées, par une coloration vive et tranchée.

Le synallaxe élégant est de petite taille, et mesure au plus 12 centim. Son bec est de couleur de corne et ses tarses sont d'un jaune pâle.

Une calotte d'un noir mat et profond recouvre le dessus de la tête depuis le front jusqu'à la nuque. Un large sourcil blanc teinté de rouille dans le bas forme un trait qui part des narines pour se terminer sur

304.

les côtés du cou. Un trait noir traverse la région oculaire et règne depuis la commissure jusqu'à l'extrémité de la bande sourcilière blanche ; enfin, tout le devant du cou, depuis le menton jusqu'au thorax, est blanc lavé de roussâtre par places, ce qui forme un large plastron de cette couleur, arrêté dans le bas, en travers du cou, par un cordon noir, bordé lui-même par une écharpe d'un roux-marron vif.

Le ventre, le bas-ventre et les flancs sont d'un jaune rouille très pâle et uniforme ; le dos et le croupion d'un cendré clair.

Les ailes sont courtes, émaillées de blanc

et de noir à l'épaule ; leurs couvertures sont d'un roux-cannelle fort vif, mais chaque plume a au centre une flammèche noir*.

Les rémiges sont d'un gris clair et bordées de blanc pur sur leurs bords.

La queue mince et grêle, légèrement étagée a ses pennes moyennes noires au centre et grises sur les bords, et les externes noires, avec du gris de perle au bout et une bordure blanche sur les barbes étroites du côté externe.

Cet oiseau vit à Gayaquil, sur les bords de l'océan Pacifique.

11e année.

Paris. — Dimanche, 18 Août 1844. No 14

(17e article.)

325.

CXII. L'anabate turdoïde, *anabates turdoides*, Lesson.

*A. corpore bruno**, *ochraceis flammulis notato. uropygio, caudaque cinnamomeis, rostro et pedibus corneis.*

Hab. Chili.

Cet anabate a la taille d'une grive mauvis et mesure 20 centimètres de longueur totale.

L'oiseau type fait le passage des synallaxes aux anabates dont il a le plumage, tandis que tous les caractères de forme du bec, des ailes, de la queue et des tarses sont identiques avec ces mêmes parties chez quelques synallaxes.

Notre anabate a beaucoup de rapports avec l'*anabates striolatus* (Temm., pl. 258, fig. 1) du Brésil. Sa queue est longue, étagée, d'un beau rouge-cannelle, ainsi que les plumes du croupion.

Le plumage est en entier d'un brun roux

326.

assez analogue à la nuance de café grillé, ainsi que le dit M. Temminck, mais chaque plume a au centre une flammèche longitudinale d'un jaune-rouille franc. Tout le dessous du corps est, sur le devant du cou et du thorax, à flammèches triangulaires rouge*, et le noir de chaque plume est très peu apparent. Tout le dessous du corps, sur le ventre et les couvertures inférieures de la queue, est nuance chamois.

Le bec est brunâtre sale, les tarses sont pâles et les ongles sont blancs.

Les ailes sont rousses avec flammèches rouille et les rémiges brunes en dedans sont bordées de roux ; le dedans des ailes est d'une jolie couleur nankin.

Cet oiseau habite le Chili. Il représente sur cette partie de l'Amérique méridionale que baigne l'océan Pacifique les anabates si connus au Brésil, à la Guyane et dans la Bolivie, sur les côtes de l'Océan atlantique.

11e année.

Paris. – Jeudi, 22 Août 1844. N° 15

(18e article.)

347.

CXIII. *Synallaxis humicola*, Kittlitz, pl. 6, Mém. de Petersbourg, t. 1 (1830), p. 185.

L'individu de la collection Abeillé ne diffère point de l'espèce décrite par Kittlitz, par la coloration du plumage, mais sa taille est plus petite. Kittlitz s'était procuré cet oiseau à Volparaiso*. Celui de M.Abeillé provient du Chili également. J'ai remarqué toutefois que le thorax avait de petits traits nombreux noirâtres que ne donne pas la figure du naturaliste russe; mais à cela seulement se bornent les différences de teintes.

CXIV. *Garrulus ultramarinus*, Ch. Bonap. ; Temm., pl col., 439.

L'individu de la collection Abeillé est le jeune âge de cette espèce remarquable qui

348.

vit au Mexique et à la Californie. La livrée du jeune âge diffère de celle de l'adulte par une teinte bleue moins pure ; plus affaiblie et en quelque sorte sordide.

Le manteau, le dos et le croupion sont d'un grisâtre roux, et les tectrices des épaules sont de ce même gris-roux luisant. Les plumes auriculaires sont noires ; le gosier et le devant de la gorge est grisâtre-clair mais sale. Le thorax est teinté de rouille et le ventre et les flancs sont blanc sale. Les rectrices, au lieu du bleu outremer des adultes, ont leurs pennes bleuâtres frangées de noir sur les bords. Cet oiseau provenait de la Californie.

CXV. *Carduelis atratus*, d'Orbig., Voy. en Amérique, pl. 48, f. 2.

Ce gracieux chardonneret a été très bien figuré par M. d'Orbigny. Son plumage d'un noir soyeux intense est relevé par le jaune brillant du bas-ventre et des ailes. Dans le dessin de M. d'Orbigny, son bec est noirâtre ; il est de couleur de corne dans l'individu de la collection Abeillé. Sa patrie est le Pérou.

CXVI. *Pyrrhula*, femelle.

L'individu que nous avons sous les yeux nous semble être la femelle du *pyrrhula glamocœrulea** (1), de d'Orbigny (pl. 50, f. 2). Les formes du corps, du bec sont les mêmes, mais la coloration diffère complètement.

Ce petit bouvreuil a le plumage gris-roussâtre avec des flammèches brunes sur le corps. Tout le dessous du corps est d'un blanc roussâtre plus clair sur le devant

(1) *Glaucocœrulea.* (A. M.).

du cou; les joues et les côtés du cou sont grisâtres. Les ailes ont leurs couvertures variées de brun et de franges rousses. Les pennes sont brunes et finement frangées d'un liseré blanchâtre. Un miroir blanc occupe le milieu de l'aile. La queue est fourchue, à pennes noires bordées de roux ; le bec et les tarses sont de couleur cornée. Cette femelle mesure au plus 10 centim. Elle provenait du Pérou.

CXVII. Le *balara* de Bernard, *tamnophilus Bernardi*, Abeillé, sp. nov.

T. sincipite cinnamomeo ; corpore supra griseo rufoque infra ferrugineo ; alarum plumis brunneis, allo aut ferrugineo limbatis ; cauda cinnamomea; rostro nigro alboque ; pedibus plumbeis.

Hab. Gayaquil.

Ce batara que M. Abeillé a dédié à un capitaine de la marine du commerce de Bordeaux, très zélé collecteur, est remarquable par la coloration insolite de son plumage, coloration qui s'éloigne de celle des espèces qui vivent dans les contrées américaines baignées par l'océan Atlantique.

Le batara de Bernard vit à Gayaquil. C'est un oiseau de la taille de notre lanius collurio, c'est-à-dire mesurant 16 centimètres.

Son bec est fort, robuste, assez crochu, brun en dessus, blanc corné en dessous. Le front est grisâtre, une calotte d'un roux cannelle assez intense recouvre tout le sommet de la tête jusqu'à la nuque Sur cette dernière partie se dessine un demi-collier jaune. Le plumage sur le dos est d'un gris roussâtre, tirant au blond sur le croupion. Le devant du cou, à partir du menton, est gris-roux clair ; un jaune ferrugineux colore le bas du cou, le thorax et toutes les parties inférieures jusqu'aux couvertures de la queue. Celle-ci est d'un roux-cannelle intense en dessus, très intense, moins vif en dessous. Les ailes sont d'un brunâtre roux peu foncé, mais cha-

349.

que plumes des couvertures grandes et petites est assez largement bordée de blanc ou de roussâtre. Les rémiges sont brun clair frangées de roux.

Les tarses sont bleuâtres. C'est aux alentours de Gayaquil, sur les côtes baignées par l'océan Pacifique, que vit ce batara.

11e année,

Paris. — Dimanche, 13 Octobre 1844. No 28

346. [658] (1)

Catalogue des oiseaux nouveaux ou peu connus de la collection Abeillé, par M. R. P. Lesson.

(19e article)

No 118. (2) *Mimus albogriseus, Lesson, sp. n.*

M. rostro et pedibus nigris ; corpore suprà griseo, albido infra ; superciliis, tœnia alæ albis. Hab. Gayaquil.

Le genre *mimus* de Brisson ou *orpheus* de Swainson, comprend des oiseaux appelés moqueurs, fort aisés à distinguer des autres espèces de la grande tribu de *merulidæ**. Ce genre s'est singulièrement accru dans ces dernières années, et il comprend aujourd'hui dix-sept espèces, et celle que nous décrivons fera la dix-huitième.

Les mimus sont tous américains et répartis ainsi qu'il suit :

Amérique Nord (Etats-Unis), 4 ; les *M. polyglottus, gilvus, felivox* et *rufus.*

Mexique, 2 ; les *m. longirostris*, et *cœrulescens.*

(1) Le no 27 finit par la colonne 648 et le no 28 commence par la colonne 337 ; cette pagination fausse se continue jusqu'à la fin du semestre ; donc 312 en moins. Je rétablis la pagination régulière entre crochets.

(2) Les numéros sont en chiffres ordinaires à partir du No 118.

Nootka, 3 : *m. meruloides.*

Californie, 3 : *m. trifasciatus, melanotis et parvulus.*

L'Amérique méridionale a les *m. calandria, patagonicus, tricaudatus et modulator*, de la Patagonie, Plata, Magellanie et Paraguay : le *dorsalis* des andes dela Bolivie, le *lividus* de la Guyane, le *saturninus* du Brésil et l'*albo griseus* de la Colombie.En tout huit espèces.

Le moqueur gris-blanc mesure 28 centimètres de longueur totale. Sa queue est proportionnellement fort alongée* ; les ailes dé-

347. [659]

passent un peu le croupion ; son bec et ses tarses sont noirs ; tout le dessus du corps est d'un gris varié, formant sur la tête et sur le cou des sortes d'écailles dues à ce que chaque plume est gris-brun au centre et bordée de gris-blanc. Il en est de même sur le dos, les ailes et le croupion ; mais les bordures sont moins arrêtées.

Tout le dessous du corps est blanc sur le gosier et les côtés du cou, où se dessine une sorte de demi-collier. Le thorax est grisâtre ; les flancs surtout sont grisâtres avec quelques traits bruns ; le bas-ventre et les couvertures inférieures sont d'un blanc assez pur. Les ailes sont grises, mais les couvertures des épaules sont terminées de blanc ; une barre blanche marque aussi le milieu de l'aile. Les grandes pennes sont brunes, terminées ou liserées de blanc. Les rectrices sont gris-brun au centre et frangées de blanc. Les latérales sont largement terminées de blanc.

Ce qui caractérise surtout cet oiseau, dont la coloration générale rappelle presque celle des lavandières, c'est ce large trait noir qui traverse la joue depuis les narines et qui forme une sorte de crochet pour contourner la région auriculaire. Entre ces deux traits est une plaque blanc de neige, et un large sourcil blanc surmonte l'œil.

Ce moqueur a été tué aux environs de Gayaquil. Il représente donc sur les rivages de l'Océan pacifique les espèces des côtes de l'Océan Atlantique.

11e année.

Paris. — Dimanche, 20 Octobre 1844. No 30

394. [706]

Catalogue des oiseaux rares ou nouveaux, de la collection Abeillé, par M. R. P. Lesson.

(20e article)

Nos 119. *Ornismya torquata*, Boiss. rev. zool. 1840, p. 6. hab. Quito.

120. *Ornismya cyanifrons*, Bourcier. rev. zool. 1843, p. 100, Gayaquil.

121. *Ornismya Vesper*, Less., troc. pl. 6 (fem.) 19 (mâle) et 48 (jeune mâle).

Cet individu soumis à notre examen, est un jeune mâle que M. Abeillé a reçu du Pérou. Tout le dessus du corps est vert grisâtre tirant au vert doré sur le milieu du dos. Le croupion est d'un rouge cannelle fort vif. Le devant du cou est gris vineux ; tout le dessous du corps est blanc, lavé de gris sur les flancs. Les rectrices sont légèrement rétrécies au commet, grises à la base en dessous, barrées de noir et terminées par une plaque blanche. En dessus, ces pennes sont vert doré, terminées de noir, puis œillées de blanc. Les deux moyennes n'ont qu'un point grisâtre. Le bec et les tarses sont noires.

122. *Amazona* (*psittacus*) *Lilacina*, Lesson, esp. nouv.

Corpore viridi ; fronte rubro, sincipite lilacino ; abdominc, tectricibusque inferioribus viridiluteis ; speculo igneo super alas et remigum parte terminali nigro cœruleo. Gayaquil.

Le perroquet à occiput couleur de lilas, appartient à la tribu des Amazones, petite coupe que Swainson a nommée *Chrysotis* en 1837, et qui répond à la majeure partie des *Androglossus* de Vigors. Les perroquets amazones appartiennent à l'Amérique équatoriale et celui que nous décrivons ici, vit aux alentours de Gayaquil, sur les rivages de l'Océan pacifique.

Ce perroquet mesure 32 centimètres de longueur totale. Son bec a le ruban de son

395. [707]
arête convexe assez étroit. Il est renflé sur le côté, et de nuance brunâtre ou de corne, ses tarses courts et robustes sont noirâtres ainsi que les ongles.

La forme du corps ne diffère point de celle des autres amazones. Les ailes atteignent le milieu de la queue, et celle-ci est courte et légèrement arrondie au sommet.

Le plumage des parties supérieures du corps est d'un vert pré uniforme, de même que sur les aîles* et le croupion; toutefois les couvertures secondaires des ailes sont frangées de jaune assez pur.

Les plumes du sommet de la tête sont d'un rouge de feu sur le devant du front. Ce rouge s'éteint successivement et s'affaiblit pour prendre une nuance violette ou même bleuâtre sur l'occiput avec quelques veinules vertes.

Le tour de l'œil est légèrement dénudé, l'iris est noir cerclé de jaune d'or. Les joues et les régions auriculaires sont jaunes, ainsi que les côtés du cou : mais sur ces dernières parties, le jaune est nuancé de vert.

Tout le dessous du corps est d'un vert plus foncé sur le thorax, plus jaune sur le bas-ventre et sur les couvertures inférieures de la queue.

La queue a ses pennes moyennes d'un riche vert émeraude, tandis que les latérales sont vertes dans leur première moitié, et puis terminées de jaune dans le reste de leur étendue.

Les ailes ont à leur milieu un large miroir, rouge de feu. Les pennes vertes, dans leur première moitié et sur les bases externes, sont noires en dedans et à leur moitié terminales. Mais les barbes externes sont glacées de bleu azur sur leur bord.

Enfin, ce qui caractérise cette espèce, après la coloration de la tête, est le vert du dessus et des côtés du cou, dont chaque plume verte est frangée par un rebord noir, ce qui dessine plusieurs rangées de collerettes brunes sur ces parties.

Comme nous l'avons dit, ce perroquet se trouve à Gayaquil.

11e année.
Paris. — Dimanche, 3 Novembre 1844. N° 34

ORNITHOLOGIE

486. [798]

Catalogue des Oiseaux rares ou nouveaux de la collection Abeillé par M. R. P. Lesson.

(21e article)

N. 123 : *Psittacura* (*psittacus*) *Erythrogenys*, Lesson, sp. n.

P. rostro eburneo ; pedibus sordidis ; corpore viridi ; sincipite, genisque coccineis ;

pleromatibus, *alarum pogonio*, *igneis*. Hab. Gayaquil.

Cette jolie perruche-ara a le pourtour de l'œil dénudé ainsi que les autres espèces de la même tribu. Elle mesure 21 centimètres. Son plumage est d'un riche vert-pré sur le corps, sur les ailes et sur la queue, et d'un vert plus jaunâtre sur toutes les parties inférieures. Un masque d'un rouge cramoisi encadre la face, les joues, la région auriculaire et revêt le sinciput.

Ce rouge fulgide n'est interrompu que par

487.

le jaune pâle de la membrane qui entoure l'œil ; quelques plumes rouges implantées sur le cou, semblent indiquer qu'il se forme à un certain âge soit un demi-collier de cette couleur, soit simplement quelques plaques isolées.

Les ailes sont bordées de ce même rouge de feu aux épaules et sur le rebord, aussi bien qu'en dedans. Les articulations du tarse portent elles-mêmes au rebord des sortes de jarretières de ce même rouge de feu.

Les grandes pennes des ailes sont d'un vert glacé ; mais leurs tiges sont d'un noir lustré, et les barbes de leur bord interne sont d'un jaune glacé et nuancé de brun à leur terminaison. Les rectrices étagées et effilées, à rachis très luisant, sont en dessus d'un beau vert lustré, et en dessous d'un jaune brunâtre.

Cet oiseau a le bec gros, fort et couleur

d'ivoire jauni. Les tarses sont d'un jaune livide et sale tirant au brunâtre sur les doigts. Les ongles fort alongés*, recourbés et acérés, sont brunâtres.

Cette perruche-ara habite les alentours de Guayaquil.

Les aras, les psittacaras et les aratigas* sont des perroquets exclusivement américains. On connaît onze espèces du groupe des psittacara et celle que nous décrivons sera la douzième.

11e année.

Paris. — Jeudi, 26 Décembre 1844. No 49

ORNITHOLOGIE

Révision du genre grallaria; par M. Lesson.

847. [1159]

La Grallarie de Quito, Grallaria quitensis Less.

On connaît douze espèces du genre Grallaria. Celle-ci sera la treizième. Voici la révision de ce genre.

Le genre Grallaria a été créé par Vieillot en 1816, adopté par Lafrosnaie*, nommé Myioturdus par Boié en 1826, et cette démonstration a été consacrée par Wied et Ménétriers*. Il répond au genre

Turdus de L., au Corvus de Shaw, au Myiothera d'Illiger, de Lichsteinstem* et de Cuvier, au Litta de Temminck, et au Formicarius de Boddaert.

Les Grallaries sont des oiseaux exclusivement confinés en Amérique.

Les espèces admises sont :

1. Grallaria rex. Turdus grallarius, Latham ; Turdus rex, L. ; Gm ; Myoturdus rex, Wied, Beit. 2 p. 1027 ; Myiothera grallaria, Lichst., cat. N° 468 ; Grallaria fusca, Vieillot, gal. pl. 154 ; le Roi des fourmiliers, Buffon, enl. 708 ; Myiothera rex, Illiger. Fusco-nebulosus subtus rufescens ; maxillæ inferioris striga, macula pectoris crissoque albis, nucha plumbea (Lath.).

Hab. la Guiane, Cayenne.

2. Grallaria marginatus ; Myioturdus marginatus, Wied, Beit. 2, 1035 ; ménét. fig. Myiothera campanisoma, Illi.. Lichst. cat. n° 469.

M. olivacea, vitta brevi frontali, nigra, superciliis nigro punctatis, pectore, crisso lateribusque abdominis albo ferrugineo nigroque variis, abdomine medio albo. Rectrices breves antè apicem extremum album nigræ.

Hab. Brésil (San-Paulo).

3. Grallaria ruficapilla, la fresn*., rev. zool., 1842, p. 333. Supra olivaceo-brunneo, pileo, nuchà, capitis et colli lateri-

bus rufis ; subtus alba, pectore et hypochondriis maculis fuscis elongatis rostro elongato, graciliore et rectiore quam in grallaris aliis. Long. tota 18 cent.

Hab. la Bolivie, Santa-Fé de Bogota.

4. Grallaria imperator, Natterer. Grallaria rex, Lichst. cat.

Corpore majore, teniis pectoralibus transversalibus.

Hab. le Brésil (San-Paulo).

5. Grallaria squamigera, Florent Prévôt, zool. Venus, pl. 3 ; Lafresn. Revue zool. 1842, 333.

Hab. la Colombie (Santa-Fé de Bogota).

6. Grallaria guatimalensis, pl. Prévôt, Venus, pl. 2. Revue zool. 1842, 334.

Hab. Guatimala.

7. Grallaria tinniens, Turdus tinniens, Gm. Buff. enl. 706, fig. 1.

Hab. la Guyanne*, le Brésil.

848. [1140]

8. Grallaria macularia, Less. 1830 ; Lafresn. rev. zool., 1842, p. 334 : Pitta-macularia, Temm. Myioturdus macularius, Lafresn. rev. 1838, p. 134.

Hab. le Brésil.

9. Grallaria nana, Lafresn., rev. zool. 1842, 334.

Hab. la Colombie.

10. Grallaria ochroleucus, Wied, Beit. 2, p. 1032. Turdus concretus, Lichst.

11. Grallaria brevicauda, Lafresn. rev. zool. 1842, 334. Turdus brevicaudatus, Vieillot, ency. 645 ; chamæza meruloïdes, vigors*.

Hab. le Brésil.

12. Grallaria rufula, Lafresn., rev. 1844, 99.

Hab. la Colombie.

13. Grallaria quitensis, Lesson. — Corpore brunnes suprà, rufo infrâ. Caudâ brevissimâ pedibus longis ; uropygio rufo.

Cette Grallaria a beaucoup d'analogie avec celle nommée Rufula par M. de Lafresnaie*.

Son plumage est sur le corps d'un brun lavé de roussâtre tandis que le dessous du corps est varié de blanchâtre, de jaune d'ocre et de fauve vif. Cette dernière teinte est par plaques.

Un léger rebord blanchâtre borde les plumes du front et une sorte de tache obarrondie et blanchâtre occupe l'espace qui sépare l'œil du bec. Le croupion, ou plutôt les plumes tectrices supérieures de la queue sont d'un beau roux.

Les ailes brun-ardoisé en dedans, sont en dehors de chaque penne d'un brun roussâtre. Le bec est brunâtre. Les tarses longs, robustes, sont brun-rougeâtre. Cet oiseau mesure 17 centimètres.

Il habite le plateau refroidi du Haut-Pérou aux alentours de Quito.

[Le N° manque]

11e année. **[N° 52, dans la table]**

Paris. — Dimanche, 5 Janvier 1845.

ORNITHOLOGIE

920. [1232]

Description de trois espèces nouvelles de Pics, par M. R. P. Lesson.

1° *Picus* (*chloronerpes*) *cardinalis*, Lesson. P. *pileo nigro* ; *corpore sanguineo suprà, albo infrà* ; *remigibus rufis* ; *caudâ bruneâ suprà. Rostro albido* ; *pedibus plumbeis* : Hab. Gayaquil.

L'éclatante vestiture de ce pic le fait distinguer de toutes les espèces connues. Le corps en dessus est d'un rouge de sang fort vif et les plumes ont un éclat soyeux et lustré. Un noir-brun recouvre le sommet de la tête depuis le front jusqu'à l'occiput, en forme de calotte, car la tête manque de huppe. Tout le dessous du corps est blanchâtre, depuis le menton jusqu'aux couvertures inférieures de la

(1) L'*Echo* du 5 janv. 1845 n'a pas de n°, mais celui du 2 janv. 1845 est le n° 51, et celui du 9 janv. 1845 porte le n° 53 (par conséquent de l'année 1844). C'est celui daté du 12 janv. 1845 qui devient le n° 1 de l'année 1845. (A. M.).

queue. Les côtés de la tête, les joues et les jugulaires sont d'un roux couleur de café grillé. Les rémiges sont d'un brun roux. Les rectrices sont noires en dessus pour les moyennes, quand les latérales sont roux-clair barrées de brun. La tige ou rachis des pennes est blanche. Le bec est blanchâtre et les tarses sont plombés.

Cette espèce a un duvet épars et brunâtre et varie suivant les sexes. C'est ainsi que des individus, probablement des jeunes mâles, ont le dessus de la tête recouvert de plumes moitié noires, moitié rouges, et que leur queue est plus brunâtre. Sa taille ne dépasse pas 14 centim.

Ce pic a son bec droit, très comprimé, très acéré. Ses ailes atteignent la moitié de la queue. Celle-ci a ses pennes raides et pointues. Cet oiseau habite l'Amérique du Sud, aux environs de Gayaquil.

2° *Picus Gayaquilensis*, Lesson.

P. Capite coccineo ; mento, colloque anticè nigerrimis ; auriculis albidis ; dorso nigro, albo variegato ; uropygio rufo, nigro lineato ; collo anticè atro ; thorace

921. [1233]

et abdomine rufis, nigro lineatis ; rostro et pedibus plumbeis. Hab. Gayaquil.

Les pics *lineatus*, *principalis*, *anaïs*, etc., tous de l'Amérique chaude, forment une petite tribu bien distincte dont les espèces ont été confondues entre elles.

Ces pics ont un bec droit, à trois arêtes en dessus, à arête longitudinale en dessous, à pourtour de l'œil nu, à cou grêle, à ongles très robustes et très comprimés, à pennes caudales très rigides.

Le pic qui nous occupe a la tête jusqu'à la nuque, les joues et une cravate sur la gorge d'un rouge de sang. Ce rouge est interrompu sur les joues par des points blancs et sur les oreilles par une plaque brunâtre. Le menton jusqu'à la cravate rouge, puis le devant du cou, sont d'un noir profond. Un rebord blanc frange ce noir sur les côtés du cou et descend sur le haut de la poitrine. Le dos et le manteau sont variés de brun et de taches blanchâtres. Le croupion est roux ferrugineux avec des bandelettes horizontales brunâtres. Tout le dessous du corps est roux traversé de bandelettes régulièrement espacées noires. Les ailes et la queue sont noirâtres, mais les pennes internes alaires sont frangées de brun-chocolat et les deux rectrices moyennes sont également brun-chocolat sur leurs barbes, et les latérales sont blondes. Les tiges des pennes sont blanches et les ailes en dedans sur leurs barbes sont jaunâtres. Le bec est brunâtre et les tarses sont plombés. Les ongles sont cornés.

Ce pic qui mesure 33 centim. provient de Gayaquil.

3° *Picus Lessonii*, Lesson.

P. *Capite coccineo. mento et gulà coccineis, collo anticè aterrimo ; colli lateribus lineâ albidâ delineatis ; dorso et uropygio nigris ; corpore infrà rufo, nigro lineato ; rostro albo ; pedibus nigris. Hab.* Realejo.

Ce pic qui vit dans la république du centre-amérique*, à Realejo, d'où l'a rapporté M. Adolphe Lesson, auquel je le dédie, ressemble beaucoup au précédent et comme lui appartient au même groupe.

Le pic de Lesson, comme le pic de Gayaquil, mesure 33 centim. Il a toute la tête d'un rouge fulgide éclatant.

Les plumes de l'arrière de la tête s'allongent et forment une sorte de huppe tronquée. Le cou est noir, mais deux traits blancs suivent longitudinalement ses côtés et vont se perdre sur le dos. Tout le dessus du corps, le croupion compris, est d'un noir lustré. Tout le dessus à partir du thorax jusqu'aux couvertures inférieures est rouille traversé de bandes régulières noires. Les ailes sont brunes, mais en dedans elles sont d'un riche jaune nankin, dû à ce que toutes les pennes sont à moitié de cette couleur dans leur partie cachée. Les rectrices sont brunes excepté leur sommet qui est roux. Leurs tiges sont noires et très fortes. Le bec est blanc et les tarses sont noirs, les ongles cornés.

Le pourtour de l'œil est nu et noirâtre. Ce pic a été tué à Realejo et à San-Carlos

sur les côtes de l'Océan-pacifique, par M.
922.
Adolphe Lesson, médecin en chef des établissements français de l'Océanie.

[1845, 1er semestre]
Douzième année.

Paris. — Dimanche, 12 janvier 1845. N° 1

8.

Description d'une nouvelle espèce du genre colombe; par M. Lesson

Columba (*Chamœpelia*) *Ceciliœ*, Lesson.

C. — Corpore suprà griseo, albido maculato; gulâ griseâ; colbo antici vinaceo; thorace et abdomine rufis; oculis caruncula aurea circumdatis; rostro nigro ; pedibus luteis. hab. Peru.

L'Amérique nourrit un assez grand nombre de petites colombes qui se ressemblent par des caractères communs, et que les auteurs nomment *C. passerina, talpacoti, picui, minuta, etc.*, et qui vivent aux Antilles, au Brésil, au Paraguay, au Pérou et au Mexique. L'espèce nouvelle que nous décrivons est des plus remarquables dans ce genre qui compte encore trois ou quatre autres espèces inédites qui vivent à San-Carlos, à Realejo dans l'Amérique du centre et à Acapulco sur la côte du Mexique baignée par l'Océan-Pacifique. Ces espèces seront bientôt décrites par nous.

La colombe de Cécile est longue de 17 cent. au plus de la pointe du bec au sommet de la queue. Toutes les parties supérieures sont d'un gris de lin tendre ; ondé de maculatures blanchâtres, dues à ce que chaque plume est terminée de gris blanc vineux. Le cou en dessous est rose vineux, et cette nuance s'étend au dessus, mais le gosier est gris blanc. Le thorax, le ventre, les flancs sont d'un blanc tanné ou roussâtre clair. Les ailes et la queue ont leurs plumes rectrices grises bordées de blanchâtre, ce qui forme d'assez larges maculatures. Les rémiges sont uniformément brun-clair, mais les plus extérieures sont échancrées à leur bord qui est finement liseré de blanc. La queue est égale, à rectrices moyennes gris de lin, les latérales noires, et les plus externes largement terminées de blanc pur.

Une caroncule oblongue, comme cartilagineuse, d'un jaune d'or orangé fort vif, entoure l'œil. Le bec est noir, et les tarses sont d'un jaune orangé. Leurs ongles sont noirs.

Cet oiseau vit au Pérou. Il est consacré à madame Gautrau, née Cécile Lesson.

Douzième année.

Paris. — Dimanche, 23 Février 1845. N° 13

294.

Description de sept espèces d'oiseaux,
par M. R. P. Lesson.

Les sept espèces d'oiseaux dont il sera question dans cette note font partie d'une collection de vélins peints par M. Prêtre, dont je viens de terminer le cinquième volume. Les vélins sont destinés à un complément aux planches enluminées dites de Buffon et aux planches coloriées de Temminck. Les individus de ces espèces m'ont été communiqués par M. le docteur Abeillé.

1° *Lanius margaritaceus*, Lesson ; sp. nov.

« L. capitis parte anteriore, strigâ per oculos ad collum extendente nigerrimis : alis, caudâque brunneis ; capitis vertice, dorso imo et tectricibus superioribus margaritaceis. Collo griseo ; dorso cinnamomeo ; maculâ mediâ alarum albâ ; rectricibus lateralibus albis intûs nigro limbatis ; gulà, collo antici niveis ; thorace, abdomine, lateralibusque ferrugineis. Rostro nigro ; pedibus plumbeis. *Hab.* Indiæ orientales. ».

Cette pie grièche ressemble singulièrement aux *Collurio Hardwickii* et *Erythrono-*

lus de Vigors, proceed., 1834, 42. Peut-être même devra-t-elle être confondue avec la première, dont elle a la taille (sept pouces anglais). Le front, jusqu'au milieu de la tête, est recouvert par une plaque noire veloutée qui descend sur les yeux et sur les côtés du cou par deux prolongements. Le sinciput est blanc gris de perle, et le derrière du cou, et le bas du dos est d'un gris de cendre, de nuance douce. Le croupion et les couvertures de la queue sont du même gris de perle que le sinciput. Le milieu du dos est marron luisant. La gorge et le devant du cou sont d'un blanc satiné. Les côtés du cou, le thorax, le ventre et les flancs sont rouille passant au marron sur les flancs. Les ailes sont noires, mais comme les pennes sont blanches en dedans et à leur base, il en résulte un petit miroir blanc, plus apparent quand l'aile est ouverte. La queue a ses quatre pennes moyennes noires ; mais les latérales sont blanches et largement barrées de noir vers leur extrémité. Les

295.

deux plus externes sont complètement blanches. Le bec est noir et les tarses sont bruns. Cet oiseau provient des Indes orientales.

2. *Weebongia albivenler*, Lesson, sp. N. « W. Capite et sincipite griseis ; dorso rufo ; uropygio aureo ; naribus, genis et

gulâ nigerrimis ; collo antici et thorace badis ; abdomine niveo, albo cincto ; tectricibus inferioribus nigerrimis ; alis rufis ; rectricibus luteo tinctis. »

Hab. *Nova-Hollandia.*

La Nouvelle-Hollande nourrit plusieurs espèces de ce genre de moineaux (treize espèces), toutes remarquables par l'élégante coloration de leur plumage. Cette espèce, bien distincte, a le bec blanc, les tarses bruns ; la tête et le dessus du cou sont d'un gris strié de gris plus foncé. Un plastron noir naît aux narines, descend sur les joues, jusqu'au milieu du cou.

Toute la poitrine est garnie par une très large écharpe de couleur de buffle qu'encadre une écharpe noire. Le ventre est d'un blanc pur et sur les flancs sont des stries ou rayures alternativement brunes et blanches. Les tectrices inférieures de la queue sont d'un noir très intense. Le manteau, le dos est d'un roux canelle* qui s'étend sur les couvertures des ailes et sur les rémiges qui sont d'un brun clair lavé de roux. Un jaune soyeux colore les plumes du croupion et les tectrices supérieures. Les rectrices sont brun clair, mais les deux moyennes légèrement pointues sont jaunes. Cet oiseau provient de la Nouvelle-Hollande ; sa taille est celle de ses congénères.

3. *Estrelda erythropteron*, Lesson, sp. N.

« E. Corpore murino ; alis, uropygioque coccineis ; abdomine, lateribusque albo et griseo lineatis ; rostro brunneo ; pedibus luteis. »

Hab. *Gambia.*

Ce Sénégali ressemble beaucoup au Bengali gris bleu figuré pl. 8 des oiseaux chanteurs de Vieillot. Il a le bec brun, les tarses jaunes. Tout le dessus du corps et le cou sont d'un gris de souris uniforme. Le ventre, les flancs et les couvertures inférieures de la queue sont régulièrement rayés de bandelettes grises et blanchâtres. Les ailes sont grises, mais du rouge de sang colore les tectrices et les barbes externes des pennes moyennes. Les rectrices sont noires, mais le rouge feu du bas du dos, du croupion et des tectrices supérieures descend sur les barbes externes des pennes latérales qu'il colore. Cet oiseau, de même taille que le Bengali gris, provient de la Gambie.

4. *Tyrannus leucococcyx*, Lesson, sp. N. « Capite nigro, subcristato ; collo, dorsoque griseis, dorso imo et uropygio niveis ; thorace, gulâque griseis, abdomine niveo ; alis, caudaque brunneis ; rostro et pedibus nigris.

Hab. Guyana.

Cette espèce est bien distincte des 26 espèces de vrais tyrans connues, et elle se rapproche beaucoup du *Tamnophilus bico-*

lor de Swainson, figuré pl. 60 du Brézil Birds, qui est bien un véritable Tyrannus. L'oiseau qui nous occupe mesure 18 centimètres de longueur totale. Son bec et ses tarses sont noirs. Les plumes de la tête sont lâches, étroites et forment une sorte de crinière divariquée. Elles sont

296.

d'un noir profond, depuis les narines jusqu'à la nuque et en s'étendant sur les joues. La paupière inférieure est dénudée et blanchâtre. Un gris fuligineux tendre règne sur la gorge, le devant du cou et les côtés ; un gris enfumé strié domine sur le cou et le haut du dos. Le dos, le croupion, la poitrine et le ventre sont d'un blanc pur. Les aile* et la queue sont d'un brun foncé. Cette dernière partie est égale. Les rémiges secondaires sont frangées sur leurs bords de gris clair.

Cette espèce de Tyran vit aux environs de Cayenne.

5. *Formicivora Abeillei*, Lesson, sp. N.

« F. fronte, dorso, lateribus griseo-ardesiacis, sincipe atro ; thorace albo, tineis nigris zonato: alis rufis ; rectricibus nigris cum guttis niveis. Rostro corneo ; pedibus plumbeis. Hab. ? »

On connaît 21 espèces du genre formicivore, démembrée du genre *Tamnophilus*, toutes de l'Amérique méridionale. On ignore de quel pays de l'Amérique chaude provient cette nouvelle espèce qui mesure au plus 13 centimètres. Son bec est corné et les tarses sont plombés. Une calotte noire revêt la tête, mais le front, les joues et les côtés du cou sont gris sale. Un gris ardoisé colore le dos et le croupion. Un gris sale clair ou blanchâtre teint la gorge et le milieu du ventre. Le thorax est rayé de bandelettes brunes sur un front blanchâtre. Les ailes sont d'un roux cannelle fort vif, mais les pennes sont brunes dans leur partie interne et cachée. La queue grêle et nullement étagée, a ses pennes d'un noir assez intense, toutes émaillées de larmes blanches sur leurs barbes internes.

6. *Pitylus personatus*, Lesson, P.

« Rostro nigro et nacreo, facie, mento-aterrimis ; capite et corpore infra late flavis ; dorso, alis, caudaque viridi olivaceis. Pedibus plumbeis. Hab. Brazil.

Ce pityle a beaucoup d'analogie avec le Flavert de l'Enluminure 152, fig. 2. Mais il en est bien distinct par les modifications de son masque noir. Celui-ci prend naissance aux narines, descend en entourant la base du bec sur le gosier au-devant duquel il forme un hausse-col d'un noir intense. Le sommet de la tête, depuis le front jusqu'au sinciput, est d'un jaune d'or éclatant, qui se dégrade et devient olive sur le cou jusqu'au dos. Toutes les parties inférieures sont de ce même jaune d'or qui passe à l'olivâtre sur les flancs et sur le bas-ventre. Un vert-jaune ou olive franc colore le dos, les ailes et le dessus de la queue. Les rémiges olive en dehors sont brunes sur leurs barbes internes. Leur dedans est d'un jaune brillant. Le bec gros et noir, a des lamelles nacrées à la base. Les tarses sont plombés. Cet oiseau vit à Cayenne au Brésil.

7. *Saltator sordidus*, Lesson.

« S. Corpore suprà ; fusco gulâ et collo antici nigris ; colli lateribus fuscis ; thorace et abdomine isabellino-rufis : rostro nigro suprà, infrà corallino, pedibus aurantiacis, alis, caudaque brunneis. — Hab. Brazil.

Chaque région de l'Amérique chaude nourrit des Saltator voisins les uns des autres ; et qui ne diffèrent que par des nuances des *tanagra magna* et *virescens*, les espèces les plus anciennement connues.

297.

Le *Saltator sordidus* a de grands rapports avec le *Tanagra atricollis* de Spix. pl. 9, fig. 2.

Cet oiseau. long de 20 centimètres, a le plumage entier du dessus du corps d'un brun de suie uniforme, passant au gris-brun sale sur les joues et sur les côtés du cou. Une cravate noire règne depuis le menton et descend devant le cou.

Une nuance tannée colore le thorax, mais cette nuance passe au ferrugineux clair sur le ventre et sur les flancs. Les couvertures inférieures de la queue sont d'une teinte rouille. Les ailes et la queue sont brunâtres. Un rebord blanc marque le fouet de l'aile. Le bec noirâtre en dessus est orangé sur les deux mandibules. Les tarses eux-mêmes sont jaune orange. La queue de cette espèce est assez longue. Le Saltator sordide vit au Brésil.

Douzième année.

Paris. — Dimanche, 18 mai 1845. N° 37

872. **ZOOLOGIE**

Nouvelle description d'une espèce de Colombe DE NUHAHIVA, par M. R. P. Lesson.

Cette colombe appartient au groupe des
873.
colombes océaniennes et malaisiennes, dont Swainson a fait le genre *Ptilonopus*, et qui correspond au groupe des kurukurus. L'espèce n'est pas nouvelle et a été décrit, comme une variété de la kurukuru femelle de Temminck, par MM. Hombron et Jacquinot, qui l'ont figurée (zoologie du troisième voyage de d'Urville, p. 12, fig. 2), et qui

l'ont nommée *Columba Kurukuru purpureo leucocephalus*. Or, comme c'est une espèce fort distincte et parfaitement caractérisée de ce groupe des kurukurus, et qu'il est impossible de conserver le nom des auteurs cités, je la nommerai *Ptilonopus Emiliæ*, du nom de madame Lapère, dont le mari, capitaine d'artillerie, a longtemps séjourné aux îles Marquises, et a utilisé ses loisirs dans cet archipel en formant de riches collections zoologiques et botaniques.

La colombe d'Emilie mesure 23 centimètres, et est un peu plus forte de taille que l'espèce de Taïti. La calotte qui recouvre la tête est d'un blanc satiné ou soyeux très intense, mais ce blanc se nuance d'une teinte légèrement purpurine sur l'occiput. Un lizeré* jaune ou mordoré encadre cette calotte, et passe au jaune soufre en avant de l'œil. Le pourtour de l'orbite est nu. Le bec est noir, et de nuance cornée à la pointe.

Le cou est d'un vert légèrement lavé de jaune, et cette dernière nuance est surtout manifeste sur le gosier, le devant du cou et le thorax. Toutes les plumes de ces dernières parties sont étroites et lancéolées. Un vert pruineux ou grisâtre domine sur les côtés du cou à son attache sur le corps. Un vert frais colore le dos, le croupion et les couvertures supérieures de la queue. Les épaules et les tectrices alaires sont d'un vert très légèrement bronzé, et les pennes moyennes et primaires du vert émeraude le plus riche. Les pennes moyennes supérieures sont frangées de jaune sur un croissant allongé de l'azur le plus vif. Les autres pennes moyennes sont bordées de jaune d'or. Les grandes rémiges sont noires en dedans et vert-bleu au bord externe.

Le milieu du ventre est d'un rouge vermilloné assez cru, mais les flancs sont vert olivâtre. Le bas-ventre et les couvertures inférieures de la queue sont jaune d'or.

La queue courte et arrondie a ses pennes vert doré, largement bordées de jaune citron ou même de blanc sur les pennes latérales. En dessous, ces pennes sont brunes, avec le rebord moins jaune.

Les tarses sont rouge carmin, avec du gris au tibia

Cette jolie espèce de colombe n'est pas rare à Nuhahiva.

Douzième année.

Paris. — Dimanche, 1er juin 1845. N° 41

970. **ORNITHOLOGIE**

Description de deux espèces de HÉRONS DES ILES MARQUISES, par M. R. P. Lesson.

M. Lapère, capitaine d'artillerie, qui a séjourné longtemps aux îles Marquises, m'a remis à son retour quelques oiseaux sur quelques-uns desquels j'ai été appelé à faire des observations dont voici le résumé.

Le *Héron jugulaire*, *Ardea* (*jugularis*) de Forster, est bien distinct de l'*Ardea gularis* de Bosc, et c'est ce dernier héron qui a été figuré sous le nom d'*Ardea jugularis*, par Vieillot, gal. pl. 253. Le gulaire est du Sénégal et le jugulaire des îles Océanniennes de la mer du Sud, à Taïti, aux îles Tonga et Marquises.

1° Le Héron jugulaire, (*Ardea jugularis*), Forster, ic. pl. 114 : wagl., sp. n. 18 ; *Ardea malook.* vieill., ency. p. 1118 ? *Ardea cœrulea*, var. B. Latham ?

Adulte : bec fort, droit, couleur de corne ; lorum, tour des yeux, nus et jaunes ; plumage en entier brun bleuâtre, devant du cou tacheté de plumes blanches, plumes occipitales et de la ligne dorsale du cou fines et soyeuses, celles du dos, allongées, terminées en longues palettes bleu cendré, ailes d'un brun bleuâtre en-dessus, bleu cendré à rachis blanchâtre en dedans, rectrices bleu-noirâtre en dessus, gris perlé en dessous, ventre brun mélangé : jambes et tarses noirs ; longueur totale 62 centimètres.

Jeune : plumage brun ardoisé uniforme, plumes effilées du cou et du dos manquant complètement, rubans neigeux du reste comme chez l'adulte ; longueur totale 36 centimètres.

Ce héron n'est pas rare à Nou-Hahiva, une des îles Marquises.

Le *Bihoreau océanien*, *Nycticorax oceanicus*, Lesson.

Ce Bihoreau ressemble au premier aspect à l'*Ardea sexselacca* de Vieillot (Ency-

971.

p. 1132) ou *Ardea callocephala* de Wagler (syst. esp. 34), l'*Ardea violacea* (Wilson, pl. 61 f. 1, Buff. Enl. 899), et l'*Ardea cayennensis* des auteurs.

Le *Bihoreau* à six brins est répandu sur les rivages de l'Amérique et des îles Caraïbes, et le Bihoreau océanique, sur les grèves et dans les vallées des îles Marquises.

L'espèce que nous regardons comme nouvelle mesure 45 centimètres depuis la pointe du bec jusqu'au sommet de la queue ; ses ailes sont fort longues et dépassent cette dernière ; et comme à l'espèce d'Amérique, ses tarses sont longs et grêles, son bec est très épais et très robuste. Le devant des yeux est dénudé et, sur le sujet sec la couleur primitive de la peau a disparu.

Le bec est d'un noir luisant, mais couleur de corne sur les branches et le rebord de la mandibule inférieure. Les tarses de nuance claire ont dû être verdâtres, et leurs ongles sont noirs.

A partir du front, une large calotte recouvre tout le dessus de la tête, et se trouve largement encadrée par le noir bleu profond des côtés de la tête et des joues. Cette calotte est formée de plumes blanches à leur base, mais variées de filaments noirs et de couleur de rouille à leur sommet. Un trait blanc borde le front et une bande plus large et blanchâtre traverse la joue et va jusqu'à la nuque. Tout le dessous du cou, c'est-à-dire le gosier est mélangé de brun et de gris. Le noir bleu des côtés de la tête s'arrête à l'occiput d'où partent quatre plumes blanches effilées et inégales en longueur, entremêlées à leur base de plumes noires allongées et très grêles.

Le dessus est brun fuligineux, uni, mais à l'attache de cette partie avec le dos, commencent les plumes brunes* liserées de gris clair qui recouvrent le dos et les épaules. Sur le haut du dos les plumes s'allongent, deviennent étroites, et une longue flammèche brune*-noirâtre se trouve bordée de barbes fines et décomposées d'un gris cendré bleu. Ces plumes ont beaucoup d'analogie avec celles de quelques aigrettes ; le croupion est gris cendré uni.

Le devant du cou est gris ardoisé avec flammèches blanches et des taches rouille. Les côtés du cou sont gris ardoisé, mais le ventre et les flancs ont leurs plumes blanches au centre et bordées de brun gris sur les bords.

Les épaules ont leurs tectrices claires brunâtres avec de légères taches gris blanc. les pennes moyennes sont largement frangées de gris de perle. Le rebord de l'aile est blanc pur. Les rémiges sont uniformément bleu cendré avec leur rachis noir luisant. La queue a ses rectrices bleu cendré uni, mais les tectrices sont longues et variées de bleu cendré,

Ce Bihoreau vit aux îles Marquises.

Description d'un Pétrel nouveau, par M. R. P. Lesson.

Le Pétrel à masque. (*Procellaria larvata*). Lesson. Corpore nigerrimo ; rostro nocuo et nigro ; vittis duabus niveis, transverse et superne junctis, pedibus atres.

Plus gros que le Pétrel damier, le Petrel à masque a les tarses fort longs, le pouce surmonté et les trois doigts fort allongés ; sa queue est courte et conique, et ses ailes sont très longues.

972.

Son plumage en entier est d'un noir plus ou moins luisant, plus clair ou plus fuligineux sur le ventre. Mais ce qui le rend remarquable est l'encadrement de sa face, qui est d'un blond pur.

Cet encadrement se compose d'une

écharpe blanche élargie sur le crâne et descendant en chevron entre la commissure et l'œil pour s'unir à une large cravate qui naît sous la gorge, contourne la tête presque jusqu'à la nuque sans se relier à celle du côté opposé.

Le bec a les parties saillantes de ses pices* nacrées et les rentrées et la pointe supérieure noires. Les tarses, la palmure et les ongles sont noirs.

Il habite les mers du Cap de Bonne-Espérance,

Douzième année.

Paris. — Jeudi, 19 juin 1845. N° 46

1086. ORNITHOLOGIE

Description de deux espèces d'accipitres de l'Amérique du Sud ; par *M. R. P. Lesson.*

1° Epervier de San-Blas (*Nisus pacificus;* Lesson.)

N. Capite nigro ; corpore suprâ brunneo ; infra zonato ; tibiis rufi ; albo et rufo; cauda grisea ; tribus vittis nigris notatâ. Pedibus luteis.

Cet épervier, répandu sur les bords de l'Océan-Pacifique, depuis Acapulco jusqu'à la Californie, a les formes élancées de ses congénères. Il mesure 30 centimètres de longueur totale. Le sinciput est recouvert d'une calotte brune plus foncée que le reste du plumage qui est brun ardoisé, surtout le dessus du corps, le dos, le cou, les ailes et le croupion. Toutes les plumes des ailes, des épaules et de la tête sont blanches dans

1087.

leur moitié inférieure et cachée. Chaque plume brune a une strie plus foncée à son centre. Le rebord du front est grisâtre. Le gosier est blanchâtre avec des lignes brunes sur le rachis. Les joues sont lavées de roussâtre. Le thorax, les flancs et le ventre sont ondés de bandelettes blanches et roux doré alternantes. Les zones des plumes tibiales ont la nuance roux doré plus vive et les zones blanches plus étroites. La région anale, les couvertures inférieures de la queue sont d'un blanc pur.

Les ailes, fort longues, ont leurs rémiges brunes, barrées de bandes d'un brun plus intense. Des taches blanches marquent leurs barbes internes dans les parties cachées. La queue est également grise en dessus avec trois bandes brunes espacées, la dernière simplement liserée de gris au sommet des plumes. En dessous, ces mêmes plumes sont blanches, et les barres brunes conservent leur teinte.

Le bec de cet épervier est brun ; les tarses sont d'un jaune pâle brunâtre et les ongles noirs.

2° La Cresserelle Phalène (*Tinnunculus phalœna* ; Lesson.)

Capite griseo ; occipite castaneo ; alis griseis ; dorso rubro ; thorace et abdomine ocraceis, atro punctatis ; gulâ albâ, caudâ cinnamomeâ, atro alboque terminatâ.

Cette gracieuse cresserelle habite les rivages de l'Amérique méridionale baignés, par l'Océan-Pacifique. Elle n'a que 24 centimètres de longueur totale.

Le dessus de la tête est gris-bleu, s'étendant jusqu'au cou ; mais une large plaque rouge marron recouvre l'occiput. Le front est blanchâtre. Tout le dessus du corps et les couvertures alaires sont d'un rouge canelle* fort vif, relevé sur ces dernières parties par des losanges d'un noir profond ; mais le reste du dos, le croupion et la plus grande étendue de la queue, en dessus, sont de ce rouge canelle* uniforme.

Les ailes ont leur moignon blanc, puis leur partie moyenne d'un cendré bleu relevé par des points noirs et surtout par un miroir noir velours, placé au milieu des pennes moyennes, qui sont de plus frangées de blanc à leur sommet. Les rémiges sont noires, mais avec un étroit liseré blanc sur leur pourtour, et en dedans des barbes des plumes, largement œillées de blanc pur.

Le gosier, le haut du cou et les joues

sont d'un blanc que relèvent deux traits noirs, qui descendent sur le gosier et sur le cou. Le thorax est roussâtre ainsi que le ventre, mais des larmes noires, petites, sont éparses sur les flancs et sur cette partie. Les plumes tibiales et les couvertures inférieures sont blanches.

La queue de ce beau rouge canelle* en dessus est largement barrée de noir velours, puis d'un liseré blanc pur à son sommet. Les pennes les plus externes sont blanches avec de larges taches noires, œillées. La cire est jaune ; le bec bleuâtre. Les tarses sont jaunes avec les ongles noirs.

Cette cresserelle vit à San-Blases, à Acapulco (1).

(1) A San Blas et et à Acapulco [A. M.].

NOTA. — *Les fautes et les omissions d'accents, qui sont très nombreuses dans* l'Echo, *ont été corrigées dans la réimpression.*

SUPPLÉMENT
aux Œuvres de BUFFON

DESCRIPTION

DE

Mammifères et d'Oiseaux

récemment découverts

PRÉCÉDÉ D'UN TABLEAU

sur les Races humaines

Par **M. LESSON**

Membre correspondant de l'Institut,
de l'Académie royale de Médecine, des Sociétés
de Londres, de Philadelphie, de Liège, etc., etc.

PARIS

Chez Levêque, éditeur, rue Vieille-du-Temple, 11

A Carlsruhe, chez Veith

A Saint-Pétersbourg, chez Bélisard et Comp.
Au Pont de Police

—

1847

TABLE DES MATIÈRES. — OISEAUX

ACCIPITRES

1. Les Carnifex.
(*Carnifex*, Lesson.) 171
2. Le Chondrohierax a front rouge.
(*Doedalion erythrofrons*, Lesson. Jeune âge.)................... 173
3. L'Autour de Ray
(*Astur Rayii*, Vig.)............... 175
4. L'Autour a plusieurs raies.
(*Astur multilineatus*, Lesson.)..... 176
5. La Buse brachyure.
(*Buteo brachyurus*.) 177
6. L'Epervier de San-Blas.
(*Nisus pacificus*, Lesson.)........ 177
7. La Cresserelle Phalène.
(*Tinnunculus phalœna*, Lesson.) .. 178
8. Variété du Faucon d'Aldrovande.
(*Falco Aldrovandii*, Temm.) 179
9. Le Milan anonyme.
(*Milvus anonymus*, Lesson.)...... 180
10. Le Blac du Bengale.
(*Elanus cœsius*, Sav.)........... 181
11. La Chouette maculée.
(*Noctua maculata*, Vigors et Horsf.). 181
12. La Chouette perlée.
(*Strix perlata*, Vieill.)........... 182
13. Le Chat-huant émaillé.
(*Syrnium ocellatum*, Lesson.)...... 182

GRIMPEURS

14. La PLATYCERQUE A DOS NOIR.
(*Platycercus* (*psittacus*) *melanotus*, Lesson.) 184
15. La PLATYCERQUE A TÊTE PALE.
(*Platycercus palliceps*, Vig. ; Lear parrots, pl. 19 ; *Pl. coelestis*, Lesson, *Echo*.).................... 185
16. Le TRICHOGLOSSE ENSANGLANTÉ.
(*Trichoglossus* (*psittacus*) *cruentus*, Lesson, *Echo* 1844, 126.)......... 186
17. Le STYLORHYNQUE A FRONT ROUGE.
(*Stylorhynchus erythrofrons*, Lesson; *Arara erythrofrons*, Less. *Rcvue zool.* 1842, p. 210.............. 187
18. Le PSITTACARA A TÉTE ÉCARLATE.
(*Psittacara* (*Psittacus*) *erythrogenys*, Lesson, *Echo*, 1844, n° 34, p. 486) 188
19. L'ARARA A BEC D'IVOIRE.
(*Aratinga eburnirostrum*, Lesson. *Rev. zool.* 1842 p. 210).......... 189
20. L'ARARA VERT.
(*Arara prasina*, Lesson.) 190
21. Le VINI DRYAS.
(*Vini dryas*, Lesson.)............ 191
22. L'AMAZONE A TÊTE LILAS.
(*Amazona lilacina*, Lesson, *Echo*, 1844, t. 2, n° 30, p. 394)......... 194
23. L'AMAZONE A MANTEAU D'OR.
(*Amazona auropalliatus*, Lesson, *Rev. zool.* 1842, p. 210.)........ 196
24. Le CAYCA A CRAVATE DORÉE.
(*Caïca chrysopogon*, Lesson, *Rev. zool.*, 1842, p. 210.)............ 197
25. L'AGAPORNIS CÉLESTE.
(*Agapornis cœlestis*, Lesson, *Echo*, 1844, t. 2.)................. 198

26. Le Psittrichas de pesquet.
(*Psittacus Pesquetii*, Lesson, *Illust.* pl. 1.)... 199
27. Le Pic oriflamme.
(*Picus* (*Tiga*) *labarum*, Lesson)..... 199
28. Le Pic cardinal.
(*Picus* (*Chloronerpes*) *Cardinalis*, Lesson, *Echo*, 1845, p. 920.)..... 201
29. Le Pic de Guayaquil.
(*Picus Guayaquilensis*, Lesson,*Echo*, 1845, p. 920.)................. 202
30. Le Pic de Lesson.
(*Picus Lessonii*, Lesson, *Echo*, 1844. p. 921.)...................... 203
31. Le Pic d'anais.
(*Picus anais*, Lesson.)............ 203
32. Le Pic semblable.
(*Picus similis*, Lesson.) 204
33. Le Pic a plaque noire.
(*Picus subocularis*, Lesson.) 205
34. Le Pic subélégant.
(*Picus subelegans*, Ch. Bonap.. *Proc*,; 1857, p. 109.) 206
35. Le Piaye a ailes courtes.
(*Macropus caixana*, Spix, pl. 43, C. Cayanus, Var. Gm.)........... 206
36. Le Coucou simple.
(*Chalcites simplex*, Lesson.)...... . 207
37. Le Coucou linéolé.
(*Cuculus lineatus*, Sw. W. Af. t. 2, p. 178, pl. 18)................ 208

PASSERI GALLES

38 La Ptilinope Dupetit-Thouars
(*Columba Dupetithouarsii*, Neboux, *Rev.* ;1840, p. 289, *Favorite*, pl. 7) 209
39. La Tourterelle anais.
(*Columba* (*Chamœpelia*) *anaïs*, Lesson.).. 210

40. Le COLOMBICOLIN INCA.
(*Chamœpelia inca*, Lesson) 211
41. Le TRÉRON SPHÉNURE.
(*Vinago sphœnura*, Vig. ; *Proc.* ;
1830, p. 173) 213

GALLINACÉS

42. L'ITHAGIN SPADICÉ.
(*Ithaginis spadiceus*, Lesson) 214
43. L'ITHAGIN LUNULÉ .
(*Ithaginis lunulatus*, Gray)........ 214
44. Le COLIN A MENTON BLANC.
(*Ortix leucopogon*, Lesson, *Rev. zool.*
1842, p. 175) 215
45. Le GUAN A VENTRE BLANC.
(*Penelope albiventer*, Lesson, *Rev. zool.* ; 1842, p. 174.) 217
46. Le TALÉGALLE DE CUVIER 217

ÉCHASSIERS

47. L'APTÉRYX AUSTRAL.
(*Apteryx australis*, Shaw.)......... 218
48. L'OUTARDE DU SÉNÉGAL.
(*Otis Senegalensis*, Vieill. *Encycl.* ;
I, 333.) 235
49. L'ORÉOPHILE A BEC DE CHEVALIER.
(*Oreophilus totanirostris*, Jardine et
Selby, *Ill.*, pl. 151.)............ 235
50. Le LOBIPÈDE ANTARCTIQUE.
(*Lobipes antarcticus*, Lesson) 238
51. L'ÉRYTHROGONE A CEINTURE.
(*Erythrogonys cinctus*, Gould, 1837,
pl. 17); *Vanellus rufiventer*, Less.,
Echo.) 239

52. Le VANNEAU COMMUN, sortant du nid.
(*Vanellus cristatus*, Auct.)........ 240
53. Le HÉRON JUGULAIRE.
(*Ardea jugularis*, Forster.)........ 241
54. Le BIHOREAU OCÉANIEN.
(*Nycticorax oceanicus*, Lesson.).... 242
55. Le RALE ÉLÉGANT.
(*Rallus pulcher*, Griff. ; an. Kingd.) 243
56. Le CHEVALIER OCÉANIEN.
(*Totanus oceanicus*, Lesson.)...... 244

PALMIPÈDES

57. Le NETTAPUS A PENNES BLANCHES.
(*Nettapus albipennis*, Gould, Birds of. Aust., pl. 16 ; *Nettapus bicolor*, Lesson, *Echo*, 1844.)........... 245
58. Le MALACORHYNQUE A OREILLES VIOLETTES.
(*Malacorhynchus iodotis*, Lesson ; *Anas membranaceus*, Latham ; *Anas fasciata*, Shaw ?)......... 246
59. Le CANARD INNOMINÉ, femelle...... 247
60. Le CANARD GLAUCION.
(*Anas glaucion*, Linné ; Gm. *Syst. esp.*, 26) 248
61. Le GRAND HARLE ou le MERGANSER.
(*Mergus merganser*, Lesson.)...... 252
62. Le PÉTREL A MASQUE.
(*Procellaria larvata*, Lesson ; *Echo*, 1845, 971 255
63. Le NODDI DE L'HERMINIER.
(*Anoüs l'Herminieri*, Lesson.)..... 255
64. La STERNULE DES ANTILLES.
(*Sternulla Antillarum*, Lesson.).... 256
65. La STERNULE A BEC NOIR.
(*Sternula melanorhynchus*, Lesson.). 572

PASSEREAUX

66. L'ŒGOTHÈLE A COLLIER.
(*Œgotheles lunulatus*, Jard. et Selby.) 258
67. L'ENGOULEVENT A PETIT BEC.
(*Caprimulgus exilis*, Lesson)...... 258
68. L'ENGOULEVENT A AILES EN SCIE.
(*Caprimulgus odontopteron*, Lesson.) 260
69. Le DENDROCHÉLIDON VOILÉ.
(*Dendrochelidon velatus* Lesson. *Hirundo coronata* Tickel)........... 261
70. Les TODIERS.
(*Todus* auct., Lesson, *Ann. sc. nat.*, t. IX, p. 166, mars 1838)...... 262
71. Les MOMOTS.
(*Momotus*, Brisson.) 264
72. Le COUROUCOU ORANGA.
(*Trogon atricollis*, Vieill., Gal. pl. 31.) 268
73. Le MELITTOPHAGE GULAIRE.
(*Melittophagus gularis*, Lesson. *Merops gularis*, Vieill., *Encycl.*, t. 2, p. 394.) 268
74. L'ALCEMEROPS DU NÉPAUL.
(*Bucia Nipalensis*, Hodgson, *As. res.*, V, 360, 1836)............. 269
75. Le SOUI-MANGA A VENTRE JAUNE.
(*Cinnyris flavoventer*, Lesson)...... 270
76. Le SOUI-MANGA CARMÉLITE.
(*Cinnyris fuliginosus*, Vieillot, *ois. dorés*, t. 2, p. 42, pl. 26.)....... 271
77. Le SOUI-MANGA BLOND. .
(*Cinnyris aureus*, Lesson.)........ 271
78. Le CINNYRICINCLE A VENTRE NOIR.
(*Cinnyricinclus melasoma*, Lesson.) 271
79. Le MYZOMÈLE ROUGE.
(*Myzomela rubrater*, Lesson. *Dicæum atripes*, Vieill. *Certhia rubra*, Lath.). 272

80. Le Diglosse a masque.
(*Diglossa personata*, Lesson. *Agrilorhinus personatus*, Fraser. *Proceed.*, 1840, p. 23.)........ 272
81. Le diglosse Lafresnaye.
(*Diglossa Lafresnayii*, Boiss. *Uncirostrum*, *Rev. zool.*, 1840, 7. *Agrilorhinus humeralis*, Fraser, *Proc.*, 1840. 22.) 273
82. Les conirostres.
(*Conirostrum*, Lafresn.) 273
83. Le mysanthe olivatre.
(*Mysantha olivacea*, Lesson.) 276
84. Le Strigiceps a menton blanc.
(*Strigiceps leucopogon*, Lesson) ... 277
85. Le psophode crépitant.
(*Phophodes crepitans*, Vig. et Horsf.) 278
86. Le legriocincle mexicain.
(*Legriocinclus Mexicanus*, Lesson. *Petrodroma*, *ib.* *Ann. sc. nat.*, 1838.) 278
87. L'anabate turdoide.
(*Anabates Turdoides*, Lesson.)..... 279
88. Le nasican albicol.
(*Nasica albicollis*, Lesson.)........ 280
89. Le talapiot a gorge rousse.
(*Dendrocolaptes* (*Orthocolaptes*) *rufigula*, Lesson) 281
90. Le picucule d'Abeillé.
(*Dendrocolaptes Abeillei*, Lesson. *Dendrocolaptes turdinus*, Lichst.) 282
91. Le picucule a bec de promerops.
(*Dendrocolaptes promerorhynchus*, Lesson.) 282
92. Le picucule a tête noire.
(*Dendrocolaptes melanoceps*, Lesson.)...................... 283
93. Le xyphorhynque a ventre tacheté.
(*Xyphorhynchus maculiventer*, Lesson.) 283

94. Le SITTASOME A GOUTTELETTES.
(*Sittasomus perlatus*, Lesson.) 284
95. Le GRIMPIC A NUQUE ROUSSE.
(*Picolaptes rufinucha*, Lesson.).... 285
96. Le GRIMPIC CANNELLE
(*Picolaptes cinnamomeus*, Lesson.). 286
97 La CINNYCERTHIE UNICOLORE.
(*Cinnycerthia unicolor*, Lesson.) ... 286
98. Le SYNALLAXE QUEUE GAZÉE........
(*Synallaxis stipitura*, Lesson.)..... 288
99. Le SYNALLAXE ÉLÉGANT.
(*Synallaxis elegans*, Lesson.) 289
100. Le SYNALLAYE SORDIDE.
(*Synallaxis sordidus*, Lesson.) 290
101. Le MOHUA HÉTÉROCLITE.
(*Mohua hua*, Lesson) 290
102 Le TROGLODYTE MURIN
(*Troglodytes murinus*, Lesson) 291
103. Le PRINIA SOCIAL.
(*Prinia socialis*, Frankl. *Proc.*,1832, 89.) 292
104. Le BRADYPTÈRE A CROUPION ROUGE.
(*Bradypterus ruficoccyx*, Lesson.) .. 293
105. Le MÉRION DE LAMBERT.
(*Malurus Lamberti*, Vig. et Horsf.). 293
106. Le SEISURE DE LA COLOMBIE.
(*Seiurus Colombianus*, Lesson.) 294
107. Le SEISURE DE L'HERMINIER.
(*Seiurus l'Herminieri*, Lesson.).... 295
108. L'ACANTHIZA ARROGANT.
(*Acanthiza arrogans*, Sundeval ; *Muscicapa bilineata*, Lesson.) 296
109. Le TYRANNEAU A POITRINE ROUSSE.
(*Tyrannulus rufopectus*, Lesson).. 296
110 Le TYRANNEAU DORÉ.
(*Tyrannulus aureus*, Lesson) 297
111 Le GOBE-MOUCHERON VERTICAL
(*Myiodioctes verticalis*, Lesson ; *Setophaga verticalis*, d'Orbigny, pl. 33, fig. I.) 297

112. Le BEC-FIGUE VERT-JAUNET.
(*Sylvietta lutescens*, Lesson.) 298
113. Le CORYDALE DU CHILI.
(*Corydalla Chilensis*, Lesson.) ... 298
114. Le MUSCIGRALLE A COURTE QUEUE.
(*Muscigralla brevicauda*, d'Orbigny. 299
115. Le BATARA DE BERNARD.
(*Tammophilus Bernardi*, Abeillé.). . 299
116. Le FORMICIVORE D'ABEILLÉ.
(*Formicivora Abeillei*, Lesson.) 300
117. Le MYRMOTHÈRE A VENTRE BLANC.
(*Myrmothera melanoleucos*, Vieillot) 300
118. Le MYRMOTHÈRE TROGLODYTE.
(*Myrmothera troglodytes*, Lesson.).. 301
119. Le MYRMOTHÈRE INCERTAIN.
(*Myrmothera dubius*, Lesson, *Echo du Monde savant*, 1844, t. 2, n. XI, p. 251) 301
120 Le COSSYPHA CRIARD
(*Cossypha reclamator*, Vig ; *Turdus reclamator*, Vieill. Levaill. pl. 106.) 302
121. Le PODOBÉ BRUN.
(*Podobeus fuscus*, Lesson.)........ 302
122. Le PHYLLANTE A PENNES NOIRES.
(*Crateropus atripennis*, Sw. W. af., 1, 278) 303
123. Le TURNAGRE A BEC ÉPAIS.
(*Turnagra crassirostris*).......... 304
124 Le PICNONOTE HUMÉRAL
(*Picnonotus humeralis*, Lesson *Ceblepyris humeralis*, Sund, *Proc.* p. 143.) 305
125 Le PICNONOTE FAUX HUMÉRAL
(*Picnonotus humeraloides*, Lesson) . 305
126 Le SEISURE VOLETANT
(*Seisura volitans*. Vig. et Horsf ; *Turdus volitans*. Lath.)......... 306
127 Le KITTACINCLE NOIR ET BLANC
(*Kittacincla melanoleuca*, Lesson, 1837.) 306

128 Le MERLE BRUN
(*Turdus* (*Merula*) *fuscater*, d'Orbigny Am. pl. 9, f. 1)................ 307
129. Le STOURNE MORIO.
(*Lamprotornis morio*, Vig. et Horsf. *Tr. Linn.* XV, 260)............ 307
130. Le CRÉATOPHORE A CARONÇULES.
(*Creatophora caruncülata*, Lesson 1837) 308
131. Les PARADIGALLES.
(*Paradigalla*, Lesson. *Parad.* p. 242, 1835, et *Rev. zool.*, 1835, p.1)
Le PARADIGALLE A CARONCULES.
(*Paradigalla carunculata*, Lesson, *Parad.* p. 242, 1835)........... 309
132. Le TYRAN ROUX.
(*Tyrannus rutilus*, Lesson)........ 309
133. Le TYRAN A CROUPION BLANC.
(*Tyrannus leucococcyx*, Lesson).... 310
134. Le FLUVICOLE A TÊTE BLANCHE.
(*Fluvicola leucocephala*, Lesson.)... 311
135. Les PETITS TYRANS.
(*Tyrannula*, auct.)............. 312
136. La BÉCARDE INQUISITEUR.
(*Psaris inquisitor*, d'Orb, ; *Lanius inquisitor*, Lichst.; p. 530)....... 314
137. La BÉCARDE A COIFFE NOIRE.
(*Psaris pileata*, Lesson)........... 315
138. La BÉCARDE PETITE.
(*Psaris exilis*, Lesson)............ 316
139. Les PACHYRHYNQUES.
(*Pachyrhynchus*, Auct.) 316
140. Le DRYMOPHILE NOIR.
(*Monarcha nigra*, Lesson) 317
141. Le MOUCHEROLLE ROUX.
(*Muscipeta badia*, Lesson) 317
142. Le MOUCHEROLLE OLIVE.
(*Muscicapa olivacea*, Lichst., *Cat*, N° 565. *Tyrannula oleagina*, Lesson) 318

143. Le MYADESTES ARDOISÉ.
(*Myadestes* ardesiacus*, Lesson) ... 319
144. Le MYIADESTES ORNÉ.
(*Myiadestes ornatus*, Lesson. *Setophaga ornata*, Boiss.)........... 320
145. Le MIRO A FRONT BLANC.
(*Miro albifrons*, Gray, *Rev. zool.* 1844, p. 175, nº 24. *Turdus ochro tarsus*, Forster, *Ic.* pl.)......... 320
146. Le RHIPIDURE A QUEUE EN ÉVENTAIL.
(*Rhipidura flabellifera* ; *Muscicapa ventilabrum*, Forster, pl. 155. *Muscicapa flabellifera*, Gm. Sp. p. 743, nº 67, Lath. pl. 49.)...... 321
147. Le TCHITREC SÉNÉGALIEN.
(*Tchitrea Senegalensis*, Lesson, *Ann. sc. nat. IX*, 173, 1838.) 322
148. Le TCHITREC DE LA CASAMANSE.
(*Tchitrea Casamansæ*, Lesson, 1838. *Musc. rufiventer*, Sw, West. t. I, p. 53, pl. 4.) 323
149. Le TCHITREC PRÉCIEUX.
(*Tchitrea pretiosa*, Lesson)........ 324
150. Le TURDAMPELIS FAUVE PIE-GRI CHE.
(*Turdampelis lanioides*, Lesson)... 324
151. Les IODOPLEURES.
(*Iodopleura*, Lesson, *Euphone*, Sund), 326
152. Les ANAIS.
(*Anais*, Lesson, *Rev. zool.* 1840, p. 210).................... 328
153. La PIE-GRIÈCHE DES ILES GAMBIER.
(*Lanius Gambieranus*, Lesson)..... 329
154. La PIE-GRIÈCHE PERLÉE.
(*Lanius margaritaceus*, Lesson).... 329
155. Le MALACONOTE SEMBLABLE.
(*Malaconotus similis*, Smith, *Ill.* pl. 46)..................... 330
156. Le CAROUGE COIFFÉ.
(*Xanthornus cucullatus*, Sw., nº 64). 331
157. Le CAROUGE JAUNE ET NOIR.
(*Xanthornus chrysater*, Lesson).... 332

158. Le CAROUGE DE LA CALIFORNIE.
(*Pendulinus Californieus*, Lesson ; *Rev. zool.*, 1844, p. 436) 333
159. Le MALIMBRE A OREILLES NOIRES.
(*Sycobius melanotis*, Lesson. *Ploceus melanotis*, Lafresn. *Mag. de zool.* 1839, pl. 7).............. 334
160. La PASSERINE ORNÉE.
(*Passerina ornata*, Lesson)........ 335
161. Le VENTURON DU CAP.
(*Citrinella Capensis*, Lesson)...... 335
162. Le TIARIS ENSANGLANTÉ.
(*Tiaris cruentus*, Lesson, *Rev. zool.*, 1844, p. 435)................ 336
163. Le CALLYRHYNQUE PÉRUVIEN.
(*Callyrhynchus*, Lesson, *Rev. zool.*, 1842, p. 209)................ 337
164. Le BOUVREUIL BLANC ET NOIR.
(*Pyrrhula leucomelas*, Lesson.)..... 339
165. Le PSITTACIN ICTÉROCÉPHALE.
(*Psittacirostra psittacea*, Auct.).... 340
166. Le DONACOLE A THORAX MARRON.
(*Donacola castaneo-thorax*, Gould, pl. 12. *Webongia albiventer*, Lesson.) 342
167. Le MOINEAU AUX AILES ROUGES.
(*Pytelia phœnicoptera*, Sw. W. Af. pl. 16. *Estrelda, erythropteron*, Lesson.) 343
168. Le SALTATOR ATRICOL.
(*Saltator atricollis*, Vieill. *Tanagra jugularis*, Lichst) 344
169 Le PITYLE A MASQUE.
(*Pitylus personatus*, Lesson.)...... 344
170 Le PHŒNISOME OLIVATRE.
(*Phœnisoma olivacea*, Lesson.)..... 345
171 Le PHŒNISOME JAUNE.
(*Phœnisoma lutea*, Lesson) 346
172. Le TANGARA A COU BLEU.
(*Tanagra (aglaia) cyanicollis*, d'Orb., pl. 25, f. 1.)................... 346

173. Le TANGARA SOMPTEUX.
(*Tanagra (salvator) eximia.* Boiss. *Rev. zool.*, 1840, p. 66),.......... 346
174. Le TANGARA LABRADOR.
(*Tanagra (aglaia) Labradorides*, Boiss.)...................... 347
175. Le TANGARA DIVIN.
(*Tanagra (aglaia) diva*, Lesson.)... 347
176. Le TANGARA VERT-NOIR.
(*Tanagra (aglaia) nigroviridis*, Lafresn.)................... .. 348
177. Le TANGARA DE MONTAGNE.
(*Tanagra montana*, d'Orb.)....... 348
178. L'EUPHONE BRILLANT.
(*Euphone œnea*, Sund.) 348
179. Le TACHYFONE ÉLÉGANT.
(*Tachyphonus elegans*, Lesson.) ... 349
180. IRIDOSORNIS A VERTEX ROUX.
(*Iridosornis rufivertex*, Lesson.).... 350
181. L'ARRÉMON A NUQUE CLAIRE.
(*Arremon pallidinucha*, Boiss.)..... 351
182. Le GALLIREX A TÊTE DE FEU.
(*Gallirex porphyreocephala*, Lesson.) 352
183 Le CHIZŒRHIS CONCOLORE.
(*Chizœrhis concolor*, Smith, pl, 21 354
184 Le SERICOSSYPHA SOMPTEUX.
(*Sericossypha somptuosa*, Lesson, *Echo du monde savant*, n° 13, p, 302, 1844.) 354

TABLE DES MATIÈRES

Le premier nombre indique la colonne de l'*Echo* ; le deuxième les pages du présent volume.

1842, 2e semestre.

Dædalion erythrofrons, Lesson = *? Chondrohierax erythrofrons*...... 1061, 13
ou *Elanus er.* (V. Giebel.)
Carnifex naso, Lesson = *Micrastur semitorquatus (V.)*............ — 1085, 16

1843, 1er semestre.

Callyrhynchus peruvianus, Lesson = *? Neorhynchus peruvianus* (Less.) 850, 19
Psittacus ou Psittacula lessoni, Lesson = *Coriphilus ultramarinus* (Kuhl)...................... 922, 21
Tanagra prasina = *Psittospiza riefferi* (Boiss.).................... 947, 26
Tanagra Erythrotis= *Pœcilothraupis lunulata* (Du Bus).............. 947, 26
Pipra fastuosa, Lesson = *Chiroxiphia linearis* Bp. 947, 27

Articles de Delattre

Ornismya helenæ Delattre = *Paphosia Helenæ* (Del.) 991, 28
Campylopterus rufus, Less. = *Campylopterus rufus* (Less.) 1069, 32
Ornismya Guy, Less. = *Phæthornis guyi* (Less.).................. 1069, 32

Ornismya Abeillei, Less. et Delattre, = *Baucis abeillei* (Less. et Del.)..	1069,	32
Ornismya rutila, Lesson = *Amazilia rutila* (Del.)	1069,	33
Ornismya amazili = *Amazilia amazilia* (Less.)	1069,	33
Ornismya longuemarei, Lesson = *Pygmornis longuemareus* (Less.)..	1069,	33
Ornismya Constantii, Delattre = *Anthoscænus constanti* (Del.)........	1069,	33
Ornismya eximia, Delattre = *Eupherusa eximia* (Del.)	1069,	34
Ornismya rufula, Delattre = ? *Tilmatura duponti* (Less.) ♀........	1070.	34
Ornismya longirostris, Delattre = *Phæthornis longirostris* (Del.) ...	1070,	35
Ornismya Gabriel, Delattre = *Heliothrix barroti* (J. Bourc.).........	1070,	35

1843, 2e semestre.

Les Patagons

Trochilus gigas, Vieillot = *Patagona gigas* (V.)......................	255,	37
Ornismya temminckii, Boissonneau = *Pterophanes temmincki* (Boiss.).	255,	37
Seiurus aurocapillus, Wilson = *Siurus auricapillus* (Lath.).........	634,	41
Seiurus aquaticus, Swainson = *Siurus nævius* (Bodd.)	635,	41
Seiurus sulphurascens, d'Orbigny = *Siurus nævius* (Bodd.)	635,	42
Seiurus l'Herminieri, Lesson = *Siurus nævius* (Bodd.)	635,	42
Seiurus guadelupensis, Lesson = *Siurus nævius* (Bodd.)	635,	43

Les Campyloptères

Ornismya (campylopterus) Delattrei, Lesson = *Campylopterus hemileucurus* (Licht.)	684,	44

Campylopterus azureus, Lesson = *Campylopterus falcatus* (Sw.)..... 686, 48
Campylopterus rufus, Lesson = *Campylopterus rufus* Less........ 732, 50

LES ANAIS

Trochilus anaïs, Lesson = *Lampornis gramineus* (Gm.), jeune (non Tr. anaïs Lesson, 1831)......... 732, 51

LES PÉTASOPHORES

Ornismya delphinæ, Lesson = *Petasophora delphinæ* (Less.). adulte, + *P. cyanotus* (Bourc.) jeune.... 733, 53

LES ESPADONS

Ornismya ensifera, Boissonneau = *Docimastes ensifer* (Boiss.)....... 734, 55

RACE ANTHROCORAX

Trochilus cecilœ, Lesson = *Oreotrochilus estella* (d'Orb. et Lafr.).. 755, 58
Trochilus bromicolor, Lesson = *incertæ sedis* ?,.................. 755, 58
Trochilus nankina, Lesson = *Lafresnaya flavicaudata* (Fraser), vel *Boissonneauxia flavescens* (Lodd.)? 755, 58
Trochilus leucurus, Lesson = *Threnetes leucurus* (L.) 756, 59

RACE GLAUCIS

Trochilus fernandensis, Klug = *Eustephanus fernandensis* (King.).... 756, 59

RACE PHAETORNIS

Trochilus pretrei, Less. et Del. = *Phætornis pretrei* (Less. et Del.) 756, 59
Trochilus longirostris, Delattre = *Phætornis longirostris* (Del.)..... 756, 59
Trochilus Adolphei, Lesson = *Pygmornis adolphei* (Les.)............ 756, 59

RACE POLYTHMUS

Ornismya cephalatra, Lesson = *Trochilus polytmus* (L.) 756, 59

RACE LESBIA

Ornismya nuna, Lesson = *Psalidoprymna nuna* (Less.) 756, 59
Ornismya sylphe, Lesson = *Psalidoprymna gouldi* (Loddiger) 756. 59

RACE VESTIPEDES

Ornismya vestita, Lesson = *Eriocnemis vestita* (Less.) 756, 59
Ornismya pennata, Lesson = ? *Eriocnemis glaucopoides* (d'Orb. et Lafresn.) 756, 60
Ornismya maniculata, Lesson = *Eriocnemis cupreiventris* (Fraser) 756, 60
Ornismya glomata, Lesson = *Boissonneauxia flavescens* (Lodd.) 756, 60

RACE CÆLIGENA

Ornismya rivolii, Lesson = *Eugenes fulgens* (Sw.) 756, 60
Ornismya torquata, Boiss. = *Bourcieria torquata* (Boiss.) 756, 60
Ornismya helianthea, Lesson = *Helianthea helianthea* (Less.) 756, 60
Ornismya aurogaster, Lesson = *Helianthea bonapartei* (Boiss.) 756, 60
Ornismya bonapartei, Boiss. = *Helianthea bonapartei* (Boiss.) 756, 61
Ornismya prunelli, Bourcier = *Homophania prunellei* (J. Bourc.) . . 756, 61
Ornismya angela, Lesson = *Heliomaster furcifer* (Shaw). 756, 61
Ornismya henrica, Less. et Del. = *Delattria amethystina* (Sw.) 756, 61

RACE : MICRORHYNQUES

Ornismya heteropogon, Boiss. = *Chalcostigma heteropogon* (Boiss.) 757, 61

Ornismya iris, Lesson = *Aglaeactis cupreipennis* (J. Bourc.) 757, 61

Ornismya phœbe, Less. et Del. = *Metallura phœbe* (Less. et Del.) .. 757, 62

Ornismya rhami, Lesson = *Lamprolæma rhami* (Less.)........... 757, 62

Ornismya parzudaki, Lesson = *Heliangelus exortis* (Fraser)........ 757, 62

Ornismya microrhyncha, Boiss. = *Rhamphomicron microrhynchum* (Boiss.) 757, 62

RACE : JACOBINES

Ornismya pouchetii, Lesson = *Heliothrix auriculatus* (Nordmann) . 757, 62

Ornismya barrotii, Bourcier = *Heliothrix barroti* (J. Bourc.)......... 757, 62

RACE : LES GLAUCOPES

Ornismya colombica, Bourcier = *Thalurania columbica* (J. Bourc.) 757, 62

Ornismya ricordii, d'Orbigny = *Ricordia ricordi* (P. Gervais)....... 757, 62

Ornismya feliciticæ, Lesson = *Agyrtria feliciæ* (Less.).............. 757, 62

Ornismya canivetii = *Chlorostilbon caniveti* (Less.)........ .... 757, 63

Ornismya lessonii, Del.= *Jache latirostris* (Sw.) ♀................ 757, 63

RACE : LES LUCIFER, *Calothorax*.

Ornismya costæ, Bourcier = *Calypte costæ* (J. Bourcier). 757, 63

Ornismya fanny, Lesson = *Myrtis fannyæ* (Lesson) 757, 63

Ornismya eliza, Less. et Del. = *Doricha eliza* (Less. et Del.)........ 757, 63

Ornismya jourdanii, Bourcier = *Chætecercus jourdani* (L. Bourc.).. 757, 63
Ornismya vesper, Lesson = *Rhodopis vesper* (Less.)............... 757, 63
Ornismya zemes, Lesson = *Tilmatura duponti* (Less.)............ 757, 63

RACES : LES EMERAUDES, *Glaucis*.

Ornismya Senex, Lesson = (sp. valde incerta)................. 757, 63

RACE : LES AMAZILIS, *Amazilia*.

Ornismya lumachella, Lesson = *Augastes lumachellus* (Lesson)... 758, 63
Ornismya eximia, Delattre = *Eupherusa eximia* (Delattre)........ 758, 64
Ornismya cinnamomea, Lesson = *Amazilia rutila* (Delattre)........ 758, 64
Ornismya clarisse, Longuem. = *Heliangelus clarissæa* (Longuemare). 758, 64

RACE : LES QUEUES-ETROITES, *Heliactin*.

Ornismya cora, Lesson = *Thaumastura cora* (Lesson)............ 758, 64

RACE : LES LATICAUDES, *Laticauda*.

Ornismya Paulinæ Boiss. = *Metallura tyrianthina* (Loddiges).. 758, 64
Trochilus thyrianthinus, Lodd. = *Metallura tyrianthina* (Lodd.)... 758, 64

RACE : LES RUBIS, *Calliphlox*.

Ornismya heliodor, Bourcier) = *Acestrura heliodor* (L. Bourc.).... 758, 64
Ornysmia heloïsa, Less. et Del. = *Atthis heloisa* (Less. et Del.)..... 758, 64

RACE : LES SAPHIRS, *Hylocaris*.

Ornismya Esmeralda, Lesson (nomen nudum).................. 758, 64

Ornismya abeillei, Less et Del. = *Baucis abeillei* (Less. et Del.)... 758, 65
Ornismya epomophora, Lesson = (species valde incerta) 758, 65
Ornismya neera, Lesson = (nomen nudum) 758, 65

RACE : LES COQUETS, *Bellatrix*.

Ornismya Delattri, Lesson = *Lophornis delattrei* (Less. et Del.)... 758, 65
Ornismya Helenæ, Del. = *Paphosia helenæ* (Del.)................... 758, 65

1844, 1er semestre.

Stylorhynchus erythrofrons, Less. = *Henicognathus leptorhynchus* (King) 184, 66
Arara eburnirostrum, Less. = *Conurus canicularis* (L.)............ 184, 67
Caïca chrysopogon, Less. = *Brotogerys jugularis* (Müll.)......... 185, 68
Amazona auropalliatus, Less. = *Chrysotis auropalliatus* (Less.) ... 185, 69
Dromicus lessonii, Less. = *Oreophilus ruficollis* (Wagl.)........... 616, 71
Psittacirostra = *Psittirostra*. 617, 619, 74
Ortyx leucopogon, Less. = *Eupsychortyx leucopogon* (Less.) 686, 78
Caprimulgus exilis, Less. = ? *Chordeiles pruinosus* Tsch. 925, 80
Apteryx autralis, Shaw........... 969, 83
— — — 1020, 90
— — — 1045, 96
Falco aldrovandii, Temm. = *Falco severus* Horsf................... 1116, 107
Noctua maculata, Vigors et Horsf. = *Ninox maculata* (Vig. et Horsf.) 1116, 108
Falco dispar, Temm. = *Elanus leucurus* (V.)................... 1117, 109
Astur Rayii, Vig. et Horsf. = *Astur cinereus* (V.). 1117, 109

Accipiter minulus = *Accipiter minullus* (Daud.)	1117,	110
Strix perlata, Vieill. = *Glaucidium perlatum* (V.)	1117,	110
Astur multilineatus, Lesson	1118,	111
Buteo brachyurus, Vieill. = *Buteola brachyura* (V.)	1137,	112
Chalcites Simplex, Lesson	1138,	114
Milvus anonymus, Lesson	1138,	115
Elanus caesius, Sav. = *Elanus cœruleus* (Desf.)	1139,	116
Turnagra Crassirostris, Lesson = *Turnagra crassirostris* (Gm.)	1139,	116
Dasyornis Abellei, Lesson = *Psophodes crepitans* (Lath.) (Voir Sharpe nº 4204)	1163,	117
Tanagra erythrotis, Lesson = *Poecilothraupis lunulata* (Du Bus) (voir 1844, 1er sem., 947	1164,	118
Tanagra prasina, Lesson = *Psittospiza riefferi* (Boiss.) (Voir 1844, 1er sem., 947)	1164,	119
Malaconotus olivaceus, Sw. = *Laniarius poliocephalus* (Lcht.)	1164,	119
Malaconotus affinis, Lesson = *Laniarius sulphureipectus* (Less.)	1164,	119
Francolenus Spadiceus, Less. = *Galloperdix spadicea* (Gm.)	1164,	120
Nasica albicollis, Lesson = *Nasica longirostris* (V.)	1165,	121
Phyllanthus Capucinus, Lesson = *Crateropus atripennis* Sw.	1165,	122
Diglossa La Frenayii, Boiss. = *Diglossa lafresnayii* (Boiss.)	1190,	124
Ægotheles Novæ Hollandiæ, auct. = *Ægotheles novæ-hollandiæ* (Lath.).	1190,	124
Psaris inquisitor, d'Orbig. = *Tityra inquisitor* (Lcht.)	1190,	125
Dendrochelidon Velatus Lesson = *Macropteryx coronatus* (Tick.)	1190,	126

1844, 2e semestre.

Diglossa personata, Lesson. = *Diglossa personata* Fraser 29, 128

Monarcha nigra, Lesson. = *Pomarea nigra* (Sparrm.)... .... 30, 129

Conirostrum albifrons, de la Fresn. = *Conirostrum albifrons* Lafr... 30, 129

Conirostrum fuliginosum, Less. sp. nov. = *Scytalopus magellanicus* (Gm.) 30, 130

Tanagra nigroviridis, Lafresn. = *Calliste nigriviridis* (Lafr.) (*Calospiza*) 30, 131

Mohua hua, Lesson = *Certhiparus ochrocephalus* (Gm.) (*Clytonix*).. 30, 131

Sycobius melanotis, Lesson = *Anaplectes melanotis* (Lafr.) 31, 132

Tanagra pardalotes, Lesson, sp. nov. = *Hypophæa chalybea* (Mikan) (*Euphonia*)........ .... 31, 133

Tanagra montana, d'Orbig. = *Buthraupis montana* (d'Orb. et Lafr.) 56, 135

Tanagra (aglaia) cyanicollis, d'Orbig. = *Calliste cyaneicollis* (d'Orb. et Lafr.) (*Calospiza*).............. 57, 135

Tanagra (saltator) eximia, Boiss. = *Buthraupis eximia* (Boiss.)....... 57, 136

Tanagra (aglaia) labradorides, Boiss. = *Calliste labradorides* (Boiss.) (*Calospiza*).................. 57, 136

Tanagra (aglaia) diva, Lesson, sp. nov. = *Procnopis vassori* (Boiss.)..................... 57, 136

Tachyphonus elegans, Less., sp. nov. = *Compsocoma sumptuosa* (Less.)..................... 59, 137

Arremon pallidinucha, Boiss. = *Buarremon pallidinucha* (Boiss.). 80, 138

Iridosornis rufivertex, Less, genre nouv. = *Iridornis dubusia* (Bp.). 80, 139

Lamprotornis nigroviridis Less. = *Aplonis striata* (Gm.).......... 81, 141
Gallirex anaïs, Lesson, sp. nov. = *Gallirex porphyreolophus* (Vig.).. 110, 142
Francolinus nivosus, Delessert = *Galliperdix lunulata* (Valenc.).... 111, 145
Platycercus cœlestis, Lesson, sp. nov. = *Platycercus pallidiceps* (Vig.).. 111, 145
Trichoglossus (psittacus) cruentus, Lesson, sp. nov = *Conurus jendaya* (Gm) 126, 147
Arara prasina, Less., sp nov = *Conurus frontatus* Cab. 127, 148
Nettapus bicolor, Less., sp. nov. = *Nettapus albipennis* Gould 127, 149
Malacorhyncus iodotis, Less , sp. n. = *Malacorhynchus membranaceus* (Lath).......................... 128, 151
Anas = ? *Anas superciliosa* Gm .. 155, 153
Turdampelis lanioïdes et rufococcyx, Less., g. et sp. nov. = ? *Cichlopsis leucogenys* Cab. 156, 154
Turdus (merula) fuscater, d'Orb. = *Catharus fuscater* (Lafr.) 157, 156
Seiurus colombianus, Less., sp. nov. = *Siurus*, sp. ? 157, 156
Conirostrum columbianum, Less., sp. nov. = 157, 158
Conirostrum bicolor, Lesson, sp. nov. = *Conirostrum sitticolor* (Lafr. 358, (158), 159
Acanthisitta tenuirostris, la Fren. = *Acanthidositta chloris* (Sparrm.) 182, 160
Cinnycerthia cinnamomea, Less., g. et sp. nov. = *Cinnicerthia unirufa* (Lafr.)................... 182, 160
Charadrius (hiaticula) ruficapillus, Temm. = *Ægialitis ruficapilla* (Tem.) 183, 161
Lobipes hyperboreus, Cuv. et L. antarticus Less., sp. nov. = *Crymophilus fulicarius* (L.)........... 183, 162

Myzomela rubrater, Less. = *Myzomela rubrata* Les................ 184, 163
Cuculus lineatus, Sh. = *Cuculus gularis* Steph................. 184, 164
Malurus Lamberti, Vig. et Horsf. = *Malurus lamberti* Vig. et Horsf... 203, 165
Columba guinea, Lath. = *Columba guinea* L...................... 203, 167
Vinago sphœnura, Vigors = *Sphenocercus sphenurus* (Vig.).......... 203, 167
Myzantha olivacea, Less., sp. nov.= ? *Ptilotis* sp................ 204, 168
Xanthornus chrysater, Lesson, sp. nov. = ? *Icterus giraudi* Cass... 204, 169
Xanthornus cucullatus, Sw. = *Icterus cucullatus* Sw............. 205, 170
Agelaus militaris, Vieill. = *Leistes superciliaris* (Bp.)............. 205, 171
Haematornis chrysorrhœus, Lesson. = *Pycnonotus aurigaster* (V.).... 205, 172
Cossypha reclamator, Vigors = *Cossypha bicolor* (Sparrm.).......... 205, 172
Prinia socialis, Frankl. = *Burnesia socialis* (Sykes)............... 206, 172
Miro albifrons, Gray = *Miro albifrons* (Gm.)........................ 206, 173
Rhipidura flabellifera, Forster = *Rhipidura flabellifera* (Gm.).... 206, 173
Vanellus rufiventer, Less., sp. nov. = *Erythrogonys cinctus* Gould......................... 207, 175
Pachyrhynchus................... 231, 176
Pachyrhynchus variegatus = ? *Pachyramphus surinamus* (L.)...... 231, 177
Pachyrhynchus simplex = *Pachyramphus cinereus* (Bodd.) (V. *Rev. zool.*, 1844, p. 2).............. 231, 177
Kittacincla melanoleuca, Less. = *Copsychus saularis* (L.) 231, 178
Seisura volitans, Vig. et Horsf. = *Sisura inquieta* (Lath.).......... 231, 178

Picnonotus humeralis, Lesson = *Lalage tricolor* (Sw.)............... 231, 178
Picnonotus humeraloïdes, Lesson = *Lalage terat* (Bodd.)........... 232, 179
Prinia socialis, fœmina = *Burnesia socialis* (Sykes) ♀.............. 232, 180
Lanius gambieranus, Less., sp. nov. = *Pachycephala gambieranus* (Less.) (non *gambierianus*)............. 232, 180
Passerina ornata, Less. = *Coryphospingus pileatus* (Neuwied)...... 232, 181
Citrinella capensis, Less., sp. nov. = *Chrysomitris totta* (Sparrm.) (*Spinus tottus*) (A. M.)............ 233, 182
Le gobe mouche azur, Levaill...... 233, 183
Sylvietta = ? *Zosterops*.......... 233, 183
Setophaga ornata, Boiss. = *Setophaga ornatus* (Boiss.) (Hdl. *Myioborus*) 233, 183
Tyrannulus rufopectus, Less., sp. nov. = *Ochthoeca lessoni* Sel..... 233, 183
Tyrannulus aureus, Less., sp. nov. = ? 234, 185
Myiodioctes verticalis. Less. = *Setophaga verticalis* (Lafr. et d'Orb.) (*Myioborus*).................. 234, 185
Pyrrhula leucomelas, Less., sp. nov. = *Spermophila luctuosa* (Lafr.) (Hdl. *Sporophila*), d'après Gray . 234, 186
Myrmothera melanoleucos (Vieillot) = ? 235, 187
Myrmothera troglodytes, Lesson, sp. nov. = *Microcerculus bambla* (Bodd.)... .... 235, 187
Myrmothera.................. 251, 188
Podobeus fuscus, Less., sp. nov. = *Cercotrichas podobe* (P. L. S. Müll.) 252, 189
Muscipeta badia, Less., sp. nov. = 252, 190
Muscicapa oleagina, Licht. = *Mionectes oleaginus* (Lcht.)......... 252, 190
Tyrannula ruficauda, Less., sp. nov. 253, 191
Tyrannula viridiflavus, Lesson, sp. nov. = 253, 192

Tyrannula brunneo-olivaceus, Less., sp. nov. = 253, 193

Tyrannula albolimbatus, Lesson, sp. nov. = 254, 194

Tyrannula luteolimbatus, [Less., sp. nov.] =

Pachycephala australis, Vig. et Horst. = *Eopsaltria australis* (Lath.)... 254, 195

Tyrannus rutilus, Lesson, sp. nov. = *Casiornis rutilus* (Less.) (d'après Gray, Nº 5152)........... 254, 195

Bradypterus ruficoccyx, Lesson = 254, 196

Sittasomus perlatus, Lesson, sp. nov. = *Margarornis perlatus* (Less.)...................... 275, 197

Xyphorynchus maculi venter, Lesson, sp. nov. = *Picolaptes squamatus* (Lcht.) 276, 198

Dendrocolaptes (orthocolaptes) rufigula, Lesson, sp. nov. = 276, 199

Muscigralla brevicauda, d'Orbig. = *Muscigralla brevicauda* d'Orb. et Lafr...................... 276, 200

Fluvicola leucocephala, Less., sp. nov. = *Ephthianura albifrons* (Jard. et Selby.) (teste Bp.)..... 277, 201

Myiadestes ardesiacus, Less., sp. nov 277, 202

Sericossypha somptuosa, Lesson, genre nouveau. = *S. albocristata* (Lafr.)...................... 302, 203

Synallaxis stissitura, Lesson = 303, 205

Synallaxis elegans, Lesson = 303, 206

Anabates turdoïdes, Lesson = 325, 208

Synallaxis humicola, Kittlitz = *Siptornis humicola* (Kitt.)....... 347, 210

Garrulus ultramarinus, Ch. Bonp.= *Aphelocoma ultramarina* (Bp.).. 347, 210

Carduelis atratus, d'Orbig. = *Chrysomitris atrata* (d'Orb. et Lafr.).. 348, 211

Pyrrhula, femelle de *Guiraca glaucocœrulea* (d'Orb.) (*Cyanocompsa*). 348, 211

Tamnophilus Bernardi, Abeillé, sp. nov. = 348, 212
Mimus albogriseus Lesson, sp. nov. 346 (nº 28), (658), 214
Ornismya torquata, Bois. = *Helianthea torquata* (Boiss.). 394 (nº 30) (706), 216
Ornismya cyanifrons, Bourcier = *Saucerottea cyanifrons* (Bourc. et Muls.)........... 394 (nº 30) (706), 216
Ornismya Vesper, Less. = *Rhodopis vesper* (Less.)........ 394 (nº 30) (706), 216
Amazona (psittacula) Lilacina, Less., esp. nouv.* = *Chrysotis lilacina* (Less.)..............394 (nº 30) (706), 217
Psittacara (psittacus) Erythrogenys, Lesson, sp. n. = *Conurus rubrolarvatus* (Mass. et Souancé) 486 (nº 34), (798), 219
Grallaria quitensis, Lesson = *Grallaria monticola* Lafr. 847 (nº 49) (1159), 221
Picus cardinalis, Lesson = *Dendrobates callonotus* (Waterh.).. 920, (1232) 225
Picus Gayaquilensis, Lesson = *Campophilus guayaquilensis* (Less.) ... 920, 226
Picus Lessonii, Lesson = *Campophilus guatemalensis* (Hartl.).. 921, (1233) 228

1845, 1er semestre.

Columba (Chamœpelia) Ceciliœ = 8, 229
Lanius margaritaceus, Lesson sp. nov. = ? *Lanius vittatus* Val. (voir Gray. Nº 5956)............... 294, 231
Weebongia albiventer, Lesson, sp. N. = *Munia castaneothorax* (Gould (Voir Gray, Nº 6767 et Giebel)... 295, 232
Estrelda erythropteron, Lesson, sp. N. = *Pytelia phœnicoptera* Sw. ... 295, 233
Tyrannus leucococcyx, Lesson, sp. N......................... 295, 234

Formicivora Abeillei, Lesson, sp. N. 296, 235
Pitylus personatus, Lesson P. = *Pitylus viridis* (V.) (Voir Rev. zool. 1839, p. 42.) 296, 236
Saltator sordidus, Lesson = *Saltator atricollis* V. 296, 237
Ptilonopus Emiliœ Lesson = *Ptilopus dupetit-thouarsi* (Neboux).... 873, 238
Ardea jugularis, Forster = *Demiegretta sacra* (Gm.) 970, 241
Nycticorax oceanicus, Lesson...... 970, 242
Procellaria larvata, Lesson = *Majaqueus aequinoctialis* (L.)......... 971, 244
Nisus pacificus, Lesson........... 1086, 245
Tinnunculus phalœna, Lesson 1087, 247

Description de Mammifères et d'Oiseaux récemment découverts. — Oiseaux...................... 250 à 262
Table des matières du volume. 263

TABLE ALPHABÉTIQUE

des noms de genre employés par Lesson

Acanthisitta, 160.
Accipiter, 110.
Ægotheles, 124.
Agelaus, 171.
Amazona, 69, 217.
Anabates, 208.
Anas, 153.
Apteryx, 83.
Arara, 67, 148.
Ardea, 241.
Arremon, 138.
Astur, 109, 111.
Bradypterus, 196.
Buteo, 112.
Carnifex, 16.
Chalcites, 114.
Charadrius, 161.
Cinnycerthia, 160.
Citrinella, 182.
Caïca, 68.
Callyrhynchus, 19.
Campylopterus, 32, 48, 50.
Caprimulgus, 80.
Carduelis, 211.
Columba, 167, 229.
Conirostrum, 129, 130, 158.
Cossypha, 172.
Cuculus, 164.
Dasyornis, 117.
Dendrochelidon, 126.
Dendrocolaptes, 199.
Diglossa, 124, 128.
Dœdalion, 13.
Dromicus, 72.
Elanus, 116.
Estrelda, 233.
Falco, 107, 109.
Fluvicola, 201.
Formicivora, 235.
Francolenus, 120.
Francolinus, 145.
Gallirex, 142.
Garrulus, 210.
Gobe-mouche azur 183.
Grallaria, 221,
Haematornis, 172.
Iridosornis, 139.
Kittacincla, 178.
Lamprotornis, 141.
Lanius, 180, 231.
Lobipes, 162.
Malaconotus, 119.
Malacorhychnus, 151.
Malurus, 165.
Milvus, 115.
Mimus, 214.

Miro, 173.
Mohua, 131.
Monarcha, 129.
Muscicapa, 190.
Muscipeta, 190.
Myiadestes, 202.
Myiodoctes, 185.
Myrmothera, 186, 187, 188.
Myzantha, 168.
Myzomela, 163.
Nasica, 121.
Nettapus, 149.
Nisus, 245.
Noctua, 108.
Nycticorax, 242,
Ornismya, 28, 32, 33, 34, 35, 36, 37, 48, 50, 53, 55, 59, 60, 65, 216.
Ortyx. 78.
Pachycephala, 195.
Pachyrhynchus, 176, 177.
Passerina, 181.
Phyllanthus, 122.
Picnonotus, 178, 179.
Picus, 225, 226, 228.
Pipra, 27.
Pitylus, 236.
Platycercus, 145.
Podobeus, 189.
Prinia, 172, 180.
Procellaria, 244.
saris, 125.
Psittacara, 219.
Psittacirostra, 74.
Psittacus, 21.
Ptilonopus, 238.
Pyrrhula, 186, 211.
Rhipidura, 173.
Saltator, 237.
Seisura, 178.
Seiurus, 41, 42, 43, 156.
Sericossypha, 203.
Setophaga, 183.
Sittasomus, 197.
Strix, 110.
Stylorhynchus, 66.
Sycobius, 132.
Sylvietta, 183.
Synallaxis, 205, 206, 210
Tachyphonus, 137.
Tamnophilus, 212.
Tanagra, 26, 118, 119, 131, 133 à 136.
Tinnunculus, 247.
Trichoglossus, 147.
Trochilus, 37, 51, 58, 59
Turnagra, 116.
Turdampelis, 154.
Turdus, 156.
Tyrannula, 190, 192, 193, 194.
Tyrannulus, 185.
Tyrannus, 195, 234.
Vanellus, 175.
Vinago, 167.
Xanthornus, 169, 170.
Weebongia, 232.

Orléans. — Imp. H. Tessier

ARTICLES D'ORNITHOLOGIE DE LESSON
ADDENDUM

10e année.
Jeudi, 5 janvier 1843. N° 1

Index ornithologique, par Lesson.

14.. . ...

— 99. *Morphnus capistratus*, Less., Esp. nouv. ; ailes aussi longues que la queue, des poils entre l'œil et la commissure, tarses longs, bleuâtres, à ongles droits, à doigts courts ; dessus de la tête noir intense, derrière du cou et du dos rouge canelle* ; ailes noirâtres, variées de gris et de blanc ; pennes primaires noires ; croupion varié de gris ; queue blanche rayée de noir finement, puis largement bordée d'un ruban noir relevé d'une frange blanche à l'extrémité de la queue ; devant du cou et du thorax blanc de neige ; ventre et couvertures inférieures gris-blanc avec rayures brunes ; plumes tibiales gris-blanc avec des rayures brunes. Hab. le Centre-Amérique sur l'Océan Pacifique.

10e année.
Paris. — Dimanche, 16 juillet 1843. No 5

Index ornithologique, par Lesson.

109. ....

8e Sous-genre : Eucapripodus, Lesson. *Amérique.* — 428. *Eucapripodus rutilus*, Lesson. *Rufus, ferrugines guttatus ; capite rufo ; collo antici albo ; remigibus nigris, albo maculatis intùs ; cauda longa, pennis exterioribus niveo terminalis.* Hab. San-Carlos (Centre-Amérique).

Erratum.

Page 13, note, ligne 2, après 1.035, ajouter 1.151 .
— — — — 5, lire 538 au lieu de 528.
Page 248, note, supprimer un *et.*

Printed in Dunstable, United Kingdom

91219507R00167